Aus dem Pathologischen Institut der Universität Freiburg i. B.
(Direktor: Professor Dr. Ludwig Aschoff)

Die Ausbildung der Geschlechtscharaktere und ihre Beziehung zu den Keimdrüsen

Literarischer Beitrag mit vorwiegender Berücksichtigung seit 1920 erschienener Arbeiten

Von

Ralph Zucker†

Mit 3 Abbildungen

BONN 1925
A. Marcus & E. Webers Verlag (Dr. jur. Albert Ahn)

Otto Wigand'sche Buchdruckerei G. m. b. H., Leipzig.

Inhaltsverzeichnis.

Der Verfasser hatte die nachfolgende literarische Arbeit fast druckfertig gemacht, als er durch einen Unglücksfall aus seinem ganz von wissenschaftlichem Streben erfüllten, noch so jungen Leben mitten im Staatsexamen herausgerissen wurde. Ich hielt es für meine Pflicht, auch nach seinem Tode diese fleißige, wenn auch nicht erschöpfende Zusammenstellung der neueren Literatur über das Problem der Entwicklung der sekundären Geschlechtscharaktere zum Druck zu bringen.

L. Aschoff.

Ein Weg, um die Ausbildung der Geschlechtsmerkmale kennen zu lernen, ist die Untersuchung der mannigfaltigen Fälle mit mißlungener sexueller Entwicklung: der Fälle von Zwittertum. Unter diesem Gesichtswinkel haben wir den Gesamtkomplex des Hermaphroditismus in Betracht zu ziehen, d. h. alle Formen krankhafter Mischung verschiedengeschlechtlicher Sexuscharaktere in einem Individuum.

Das physiologische Nebeneinander verschiedengeschlechtlicher Merkmale, wie es bei manchen Tieren vorkommt, sogenannte „Ambogenie“ (Hoepke), sowie die asexuell teratologischen Veränderungen an den Geschlechtsmerkmalen bleiben demnach unerörtert.

Eine *deskriptive Einteilung des Hermaphroditismus* sei vorausgeschickt, um über den reichen Formenkreis des Zwittertums eine Übersicht zu gewinnen. Das folgende Schema beruht auf einer Kombination und Modifikation der Einteilung von v. Keußler und Hoepke und versucht allgemein anwendbare, dabei für die Beschreibung menschlicher Zwitter erwünschte Begriffe zusammenzustellen.

Deskriptive Einteilung des (pathologischen) Hermaphroditismus.

I. germinalis
- 1. maturus = H.A. mit heterosexuellen befruchtungsfähigen Gameten (bei Säugetier und Mensch bisher nicht beobachtet)
  - a) unilateralis
  - b) bilateralis
- 2. immaturus uni-(bi-)lateralis mit getrennten oder vereinigten Keimdrüsen
  - a) masculinus = H.A. mit einerseits reifen männlichen Gameten, andererseits heterosexuellen Gametenvorstufen
  - b) femininus = H.A. mit einerseits reifen weiblichen Gameten, andererseits heterosexuellen Gametenvorstufen
  - c) juvenilis = H.A. mit heterosexuellen Gametenvorstufen, ohne reife Gameten

II. glandularis uni-(bi-)lateralis mit getrennten oder vereinigten Keimdrüsen
- 1. parenchymatosus = H.A. mit heterosexuellem keimepithelialen (nicht generativen) Gewebe der Gonaden (Granulosazellen, Sertolizellen)
- 2. interstitialis = H.A. mit heterosexuellen mesenchymalen Keimdrüsenelementen (Interstitialzellen, Stromazellen)

zu 1. u. 2.
- a) masculinus (bei Anwesenheit reifer männlicher Gameten)
- b) femininus (bei Anwesenheit reifer weiblicher Gameten)
- c) juvenilis (bei Anwesenheit von Gametenvorstufen)

III. tubularis uni-(bi-)lateralis = H.A. der abführenden Geschlechtswege
1. masculinus
2. femininus
3. juvenilis = abführende Geschlechtswege von infantilem Typ
a) masculinus mit männlichem Charakter
b) femininus mit weiblichem Charakter

IV. genitalis s. copulativus
V. somaticus
VI. psychicus.

Zweierlei Versuche sind gemacht worden, um das Zustandekommen des Hermaphroditismus zu erklären. Einmal wird angenommen, daß die Keimdrüsen ein spezifisches inneres Sekret liefern, das für die weibliche oder männliche Anlage und Reifung der übrigen Geschlechtsmerkmale verantwortlich ist (Bouin und Ancel, Biedl, Herbst, Steinach u. a.). Eine andere Auffassung nimmt an, daß die normale Ausbildung, sowohl der Keimdrüsen wie der übrigen Geschlechtsmerkmale, von einem übergeordneten Faktor abhängig ist, nämlich vom gesunden sexuellen Erbgut und von einer ungestörten Gesamtentwicklung. Sie fast also den Hermaphroditismus als eine Erbgutstörung oder als einen Entwicklungsfehler des Gesamtorganismus auf (Berblinger, Halban, Hoepke, Kermauner, Lenz, Patzelt, Pick, Kolisko u. a.). Bezeichnen wir der Kürze halber im folgenden die erste Auffassung als „Keimdrüsentheorie“, die zweite als „Dysontogenetische Theorie“.

Nach der ersten Ansicht besitzt das Soma eine „asexuelle Embryonalform“ (Lipschütz), ein „asexuelles Stadium“ (Steinach).

Der zweiten Auffassung entspricht die Lehre vom „Somageschlecht“ (Lenz): Alle Körperzellen sind seit der Befruchtung durch einen „Geschlechtsimpuls“ (Halban) sexuell prädisponiert.

Die Keimdrüsentheorie

beruft sich auf folgende Tatsachen:

1. Entfernung der Keimdrüsen vor der Geschlechtsreife (Frühkastration) läßt die Entwicklung der Sexualcharaktere zunächst stillstehen und später auf einen sehr niederen Ausbildungsgrad zurückgehen.

2. Entfernung der Keimdrüsen bei geschlechtsreifen Individuen (Spätkastration) schwächt alle Geschlechtsmerkmale ab und vermindert die zwischen beiden Geschlechtern bestehenden Unterschiede (Fisher).

Mit Stieve u. a. halte ich den Kastraten für einen krankhaften Typ infolge Ausfalls des Keimdrüsenhormons, nicht aber für eine dritte Artform im Sinne von Tandler, Grosz, Kammerer.

3. Die Einpflanzung des homologen Keimdrüsengewebes kann die Ausfallserscheinungen (vorübergehend [Fr. de Bruyne]) rückgängig machen. (Brinkley, Lichtenstern, Lydston, Mühsam, Stanley, Steinach, Voronoff, O. Wilhelm.)

Paul Sippel beobachtete an Hand von 57 Ovarialtransplantationen, daß ein klinischer Erfolg ohne völlige Eireifung im Transplantat möglich ist, nur die Menstruation hängt von der Bildung gelber Körper ab oder ist, richtiger gesagt, die Folge der Ruptur reifer Follikel mit späterem Untergang des

Eies. Er faßt den Einfluß des homoioplastisch verpflanzten Eierstockes als Reizwirkung auf, die bei Frauen mit fehlender oder verminderter Geschlechtsfunktion von Wert sei.

Wie vollständig andererseits die Funktion des Ovars erhalten sein kann, vermochte B. Wiesner bei Ratten nachzuweisen: er bekam nach Paarung eines albinotischen kastrierten Weibchens, dem er das Ovar eines pigmentierten Weibchens in den Uterus implantiert hatte, mit einem ebenfalls albinotischen Rattenbock einen (relativ kleinen) Wurf junger pigmentierter Tiere, die in bezug auf die der Entwicklung zugrunde liegenden Eier dem fremden Eierstock entstammen müssen.

Wird eine homologe Keimdrüse in ein intaktes Tier statt in einen Kastraten gepflanzt (J. Bondi, R. Neurath, B. Wiesner), so erhält sich das Transplantat schlechter und nur kürzere Zeit als im Kastraten. Entsprechend der Annahme, die K. Sand zur Erklärung der Hinfälligkeit einer heterologen Keimdrüse herangezogen hat, die in einen nicht kastrierten infantilen Empfänger verpflanzt wird, erscheint es wohl möglich, daß im Wettkampf um besondere Nährstoffe das Transplantat den Kürzeren zieht gegenüber den ungestört in günstigster Situation verbliebenen Gonaden des Wirtstieres. Damit würde gut zusammenstimmen, daß die Transplantationsergebnisse sich bessern, wenn die einheimische Keimdrüse ebenso ungünstig gestellt wird wie die fremde, indem man das Versuchstier kastriert und ihm seine eigene Gonade autoplastisch an eine ähnliche Stelle verpflanzt wie die gleichzeitig homoplastisch transplantierte fremde Keimdrüse. Gleichzeitig beweisen die Befunde bei Verpflanzung homologen Keimdrüsengewebes, daß der Antagonismus der männlichen und weiblichen Gonade (W. Harms, Steinach) nicht der allein maßgebliche Faktor für die schlechten Erfolge sein kann, die bei Transplantation heterologer Keimdrüsen in nichtkastrierte Empfänger auffallen (K. Sand). J. Cotte wies nach, daß die transplantierte heterologe Gonade nicht zur Bildung von Antikörpern führt.

Die besseren Erfolge der Keimdrüsenverpflanzung in kastrierte Tiere lassen sich vielleicht ganz allgemein durch eine Schwächung des „Individualitätsdifferenzials" (Leo Loeb) erklären, die durch den Funktionsausfall der eigenen Gonaden gesetzt wird. In diesem Sinne spricht der Befund T. Aasadas. Er fand bei der japanischen Maus, daß ein spontanes Adenokarzinom der Subkutis gleich leicht auf kastrierte und intakte jugendliche Tiere verpflanzt werden konnte, wogegen die Impfausbeute bei erwachsenen intakten Tieren ganz ungleich geringer war, als bei gleichaltrigen Kastraten. Allerdings glaubt O. Fellner durch Injektion seines „Sexuallipoids" bei Mäusen auch ein schlechteres Angehen überpflanzter Karzinomgewebe erzielt zu haben.

4. Die Einpflanzung des andersgeschlechtlichen Keimdrüsengewebes kann bei Frühkastraten bewirken, daß die Kastrationsrückbildung stillsteht und daß ein großer Teil der sekundären Geschlechtsmerkmale dem ursprünglichen Ausbildungsplane untreu wird, indem er sich in Übereinstimmung mit der transplantierten heterologen Keimdrüse zu normalen oder übermäßig ausgeprägten Merkmalen des anderen Geschlechtes entwickelt (Maskulierung, Feminierung resp. Hypermaskulierung und Hyperfeminierung [Steinach]). (A. Foges, Pézard, K. Sand, W. Schultz, Steinach, M. Zawadowsky.)

W. Harms führte bei Hunden eine Partialkastration bis zum halben Keimdrüsenbestand derart aus, daß er den Tieren in einer länger dauernden Kur häufig kleine Drüsenmengen exstirpierte. Der Penis der Tiere entwickelte sich rascher, der Brunsttrieb trat früher ein. Harms nimmt wohl mit Recht an, daß die Übererotisierung durch Resorption des zerstörten Gewebes im jeweiligen Wundbereich zustandegekommen ist. Es scheint mir, daß durch die Resorption von Zerfallsprodukten auch die Hypermaskulierung resp. Hyperfeminierung nach Keimdrüsentransplantation erklärt wird. Wenn man dagegen den unreduzierten Testikel nur horizontal skarifiziert, im Sinne einer unspezifischen operativen Schädigung, so wird die Ausbildung der Sexualcharaktere verzögert (Lipschütz).

G. Hotz führt die Erfolge der Transplantation heterologer Keimdrüsen auf die Resorption ihres generativen Gewebes zurück (ebenso Mauclaire, Serrallach, Stieve u. a.), und hält nach eigenen Rattenversuchen die Erhaltung der Transplantate für unmöglich (Morley ebenso). W. Harms weist darauf hin, daß bei Säugern noch niemals eine totale, stets nur eine partielle Geschlechtsumstimmung erzielt wurde. Zweifellos bewiesen sei nur, daß Ovarialtransplantation bei neugeborenen Männchen zur vollen Entwicklung der Brustdrüsen führt.

C. R. Moore betont, daß, um die individuellen Schwankungen als Fehlerquelle auszuschalten, nur die auf Versuchsgruppen berechneten Durchschnittsgewichte auf den Einfluß transplantierter Keimdrüsen bezogen werden können. Er lehnt deshalb die diesbezüglichen Ergebnisse Steinachs ab, der die Einzelgewichte der Versuchstiere vergleicht.

5. Die gleichzeitige Transplantation von Eierstocks- und Hodengewebe in einen Frühkastraten (K. Sand, Steinach) oder die intratestikuläre Ovarientransplantation (Krause, K. Sand) beim intakten Männchen vor Ende der Pubertät ergibt eine Art Zwittrigkeit der sekundären Sexuscharaktere: die meisten Geschlechtsmerkmale verfolgen den männlichen Ausbildungsgang weiter, ein kleiner Teil entwickelt sich zu normalen oder übermäßig ausgeprägten weiblichen Merkmalen. Bei ursprünglich weiblichen Tieren gelang bemerkenswerterweise eine Zwitterung niemals (K. Sand).

Werden gleichzeitig Ovar und Testikel in ein jugendliches kastriertes Männchen verpflanzt, so entwickeln sich die Mammae, sie sezernieren sogar, das Triebleben wird bisexuell, männliche Differentiae sexuales (Penis, Samenblase) entwickeln sich ungestört. Verpflanzt man beim Meerschweinchen Ovargewebe intratestikulär (unter die Albuginea), so kann es sich im normal funktionierenden Hoden mehrere Monate erhalten. Der Erfolg, d. h. die Entwicklung der männlichen Mammae bis zum Status eines Weibchens, sogar über den einer gleichaltrigen Puerpera hinaus, hing vom Alter der Tiere ab. Unter 13 infantilen Tieren (4 Wochen alt) waren zwei positiv, unter den 6 jugendlichen geschlechtsreifen Tieren (2—3 Monate alt, Pubertätsalter) waren zwei positiv, davon das eine in besonderem Ausmaße. Nach dieser günstigsten Periode (bei Tieren im Alter von mehr als einem Jahre) schlugen alle Zwitterungsoperationen fehl.

Außerdem fand K. Sand, daß auch schlecht erhaltene Transplantate auf dem Blutwege zur Zwitterung Anlaß geben können, während gut angeheilte, histologisch intakte Eierstöcke manchmal wirkungslos blieben. Diese Feststellung ist wichtig für die Bewertung des Versuchs von W. Krause, die quantitativen Bedingungen der intratestikulären Eierstockverpflanzung festzustellen. Krause fand eine puerperale Ausbildung der männlichen Brust beim Meerschweinchen auch dann schon, wenn das Ovar nur ein Viertel der Hodenmenge betrug.

C. R. Moore versuchte die künstliche Zwitterung ohne Erfolg bei kastrierten jungen Ratten (26—57 Tage alt) und Meerschweinchen. Er verpflanzte Ovar und Hodenstücke subkutan, intramuskulär oder intraperitoneal. Histologische Untersuchungen nach $4^1/_2$, 5 und $7^1/_2$ Monaten zeigten beim Meerschweinchen vereinzelt, bei Ratten in 50 Proz. der Fälle Erhaltung des Transplantats. Da bei männlichen Ratten die Mammae so gering angelegt sind, daß sie makroskopisch meist nicht zu bemerken sind, gelten Ratten für die Zwitterungsversuche als ungeeignet (Lipschütz). Durch die negativen Befunde Moores wird gewissermaßen bestätigt, daß die Brustdrüse als einziges somatisches Merkmal auf diese Art von Transplantation anzusprechen pflegt.

Noch stärker als bei der gekreuzten Transplantation ist bei der Zwitterung darauf hinzuweisen, daß die Entwicklung der Mammae meist jugendlicher Männchen der einzige wirklich zweifelfreie Erfolg dieser Operation ist, und daß andererseits die

Brustdrüse nicht als spezifischer Indikator für eine normale Eierstockstätigkeit angesehen werden kann.

Die Kastration hat auf die Brustdrüsen der weiblichen und männlichen Säugetiere einen noch nicht eindeutig geklärten Einfluß (Lipschütz). 6 bis 8 Wochen alte Kälber, die kastriert wurden, zeigen nach Sellheim makroskopisch Zitzen und mikroskopisch ein Brustdrüsengewebe, das von dem des Stiers mit zunehmender Entwicklung des Ochsen immer deutlicher differiert. Sogar Milchsekretion wurde angeblich beobachtet. Von Kolostrumsekretion der weiblichen Kastraten berichtet Kammerer.

G. Ferry berichtet im Anschluß an einen eigenen Fall (Mammahyperplasie und Laktation einer 24jährigen Nullipara nach Bauchbruchoperation und Appendicitis ohne Adhäsionen), daß die weibliche Brustdrüse Schwangerschaftsveränderungen gezeigt habe: nach Hysterektomie, Myomektomie, Ovariozystektomie, Retroflexio uteri, Dysmenorrhoe, Ovarialcystom, weiter nach Hernienoperation bei Appendicitis, Gonorrhoe, Bartholinitis, Peritonealtuberkulose, Allgemeininfektion. Er glaubt, daß die Brustdrüse auf diese unspezifischen, zum Teil rein mechanischen Einflüsse dann reagiert, wenn sie durch ein Corpus luteum sensibilisiert sei. Damit scheint die Beobachtung L. Loebs übereinzustimmen, daß nach Uterusexstirpation und schon nach Entfernung eines schmalen Gewebsstreifens aus der Gebärmutter die Brustdrüsen im Sinne der Gravidität hypertrophisch und verändert werden, wobei im Ovar eine abnorme Persistenz des Corpus luteum auffällt (Tierversuche). Laktationshypertrophie bei Virgines wurde bei Eierstockskrebs beobachtet (Askanazy, Saenger, Schmincke, zit. nach Kaufmann). Daß diese Sensibilisierung der Brustdrüse durch einen gelben Körper zum mindesten nicht notwendig ist, zeigt, daß nach Röntgenbestrahlung 2—4wöchiger Meerschweinchen eine Mammahypertrophie, und 8 Wochen später Laktation eintrat. Im Ovar fanden sich zahlreiche atretische Follikel, Vermehrung der Interstitialzellen (M. Athias). Im gleichen Sinne spricht auch der Erfolg der intratestikulären Ovarientransplantation, der etwa 3 Monate post operationem einzutreten pflegt, da innerhalb des Hodens eine Neubildung von Corpora lutea mechanisch kaum möglich erscheint.

Seifert weist darauf hin, daß Milchabsonderung 11 Jahre, sogar 47 Jahre nach der Geburt noch in Gang war, daß sie bei Neugeborenen, älteren Kindern beiderlei Geschlechts, erwachsenen Jungfrauen, alten Frauen und bei Männern beobachtet wurde.

E. Kondoléon berichtet über zwei Männer, die nach subprapubischer Prostatektomie Vergrößerung der Brustdrüse zeigten, die erst nach Monaten zurückging.

Opitz weist auf Beobachtungen Lindigs an tuberkulösen Frauen hin, die nahelegen, daß nicht spezifische Hormone als Laktationsreiz für die Mammae nötig sind, daß vielmehr unspezifische Eiweißzerfallsprodukte dazu genügen, wie sie im Neugeborenenstoffwechsel vermutlich selbständig auftreten können.

G. Grubers histologische Untersuchungen der Brustdrüse Neugeborener erwiesen allerdings deren Schwellung häufig bedingt durch Blutzellbildung im hyperämischen Stroma der Mamma, die ähnlich wie in der Leber nicht als Angelegenheit des Organparenchyms, sondern als eine allgemeine Bindegewebsleistung aufzufassen ist.

Während Foges annimmt, daß der Eierstock das Wachstum der Mammae, nicht aber ihre Sekretion veranlasse, betont Halban (Schroeder), daß das Wachstum der Brustdrüsen sowohl bei der Mutter, wie beim Neugeborenen weniger auf den Einfluß der Ovarialsekrete, sondern vor allem auf die Wirkung der quantitativ überwiegenden plazentaren Stoffe zurückgeführt werden müsse, deren Fortfall nach der Geburt die Milchsekretion in Gang bringen soll.

R. Plaut berichtet, daß man durch Injektion von Lipoidextrakt aus der Plazenta bei jungen Meerschweinchen beiderlei Geschlechts Wachstum der Brustdrüsen und vorübergehende Sekretion echter Milch erzielen kann, während der Lipoidextrakt des Eierstocks die Mammae jugendlicher Tiere nicht beeinflusse. Auch die Röntgenbestrahlung der Ovarien junger Meerschweinchen erzeugt Brustdrüsenwachstum, eigenartigerweise aber angeblich dann nicht, wenn die Gebärmutter entfernt wurde.

Interessant sind O. Frankls Befunde. Er transplantierte bei Mäusen homoplastisch die Plazenta unter die Rückenhaut von Tieren in ungefähr gleichem Schwangerschaftsstadium, wo sie sich 3—4 Wochen erhielt und mit dem umgebenden Gewebe in Verbindung trat. Es zeigte sich bei gelungener Verpflanzung, daß die Mäuse nach normal verlaufener Geburt ihre Jungen nicht genügend nähren konnten, weil ihre Brüste weiterhin Kolostrum statt Milch sezernierten. Die jungen Mäuse starben an Unterernährung. O. Frankl deutet wohl mit Recht seine Beobachtungen im Sinne der Halban-Schroederschen Auffassung.

A. Schmincke und B. Romeis fanden bei einem Scheinzwitter, dessen Hoden von heterologen Keim- und Interstitialzellen absolut frei waren, weibliche Brustdrüsen, die freilich, vermutlich infolge der Kachexie bei metastasierendem Sarkom, zur Zeit der Sektion hochgradig reduziert waren.

Nach Entfernung der Hoden bei einem Scheinzwitter zeigte sich Schwellung und Sekretion der Mammae (Sieglbauer).

Hirschfeld und Burchard beschreiben eine 20jährige (Erna M.) mit völlig normalen weiblichen äußeren Genitalien, Vagina und einem hypoplastischen anteflektierten Uterus. Die Brüste waren „stark entwickelt". Die Photographie zeigt Hängebrüste mit großen pigmentierten Warzenhöfen. [Der Drüsenkörper soll nach A. Greils Referat gut ausgebildet gewesen sein.] Der körperliche Allgemeineindruck war ein weiblicher. Psychisch fand sich jedoch ausgesprochen männliche Einstellung. Unter allen Vorsichtsmaßregeln und Zuziehung mehrerer Gutachter konnte festgestellt werden, daß nach Masturbation aus der weiblichen Urethra ein typisches Spermaejakulat mit normalen Spermatozoen entleert wurde. Auch ohne Sektionsbefund widerspricht dieser Fall durchaus der Annahme, daß das Hormon des Testikels, etwa der Zwischenzellen, der wesentliche Faktor ist, der die Ausbildung der übrigen Differentiae sexuales beherrscht, denn bei Erna M. muß ein voll funktionstüchtiger Testikel angenommen werden, der trotzdem nur auf die Psyche einen richtunggebenden Einfluß ausüben konnte.

Gut ausgebildete Milchdrüsen fand L. Loeb auch bei einem weiblich aussehenden Meerschweinchen, das typische Leistenhoden mit Zwischenzellwucherung als einzige Gonaden besaß. Es muß als männlicher Pseudohermaphrodit gelten, zumal männliche somatische Merkmale fehlten.

Kuramitsu und L. Loeb beobachteten die Wirkung des Saugreizes und der Kastration auf die laktierende Mamma der Kühe. Sie kommen zu dem Schluß, daß die Umbildungen der Drüse zum guten Teil in ihr selbst begründet und nur zum geringeren Teil von einem Eierstockshormon beeinflußt sind.

Durch Kastration laktierender Frauen wird ebenfalls die Milchdrüsensekretion verlängert (Hegar).

Walthard erwähnt einzelne Fälle kastrierter Nulliparae, bei denen Kolostrumsekretion beobachtet werden konnte. Kastration in der zweiten Schwangerschaftshälfte fördert die Milchsekretion (Altertum, Cramer, Fellner, Halban, Hegar, Grünbaum, Landau, Pick, Thornston und Weller).

In Bestätigung der klinisch beobachteten Veränderungen der Brüste zur Zeit der Menstruation (Völle, Prallheit, erhöhte Errektilität der Warzen, stärkere Pigmentierung des Warzenhofs [H. Schroeder]) wurde am Sektionsmaterial von Berberich und Jaffe, A. Rosenburg, und von Polano an Drüsenexzisionen, histologisch gefunden, daß die weibliche Milchdrüse zyklische Umwandlungen analog der Uterusmucosa zeigt, die den Veränderungen des Eierstocks entsprechen. M. Rosenburg nimmt deshalb enge Beziehungen zwischen Corpus luteum, Uterus und Mamma an. Entgegen dieser Folgerung, der sich Bernhard Fischer übrigens nicht anschließt, scheint es mir nach allem wahrscheinlicher, daß keine direkte, spezifische Korrelation zwischen Ovar und Mamma besteht, daß vielmehr die Brustdrüse mittelbar, unspezifisch durch irgendeine Stoffwechselveränderung beeinflußt wird, die sich normalerweise im Anschluß an den ovariellen Zyklus einstellt.

C. G. Hartman fand beim Opossum ausgesprochene zyklische Brustdrüsenveränderungen.

Polano weist auf die relativ bedeutenden individuellen und konstitutionellen Schwankungen im Zyklus der menschlichen Mamma hin.

Loeschke beschreibt zyklische Veränderungen analoger Art in den Achselschweißdrüsen des Weibes („Achselorgan" Schiefferdeckers).

N. F. Fishers und M. Zawadowskys Befunde bestätigen, daß die Transplantation heterologer Keimdrüsen in ein unkastriertes Tier besonders ungünstige Resultate liefert. Hodenverpflanzung in intakte Hennen gelangen ihm quoad Anheilung unter 6 Fällen nur einmal. Trotz längerem Erhaltenbleiben auch des generativen Gewebes erwies sich das Implantat als wirkungslos. In zwei Fällen erhielt sich Hodengewebe in Hennen, deren Ovarien sich nach mißlungener Totalkastration regeneriert hatten. Diese Tiere bekamen einen Kamm, der so groß, wenn auch nicht so erregbar war wie beim Hahn. Da die mißlungene Totalkastration eine Dezimierung und Schädigung der Oozyten hervorgerufen haben dürfte, und da das Ovar des Huhnes auf diese Schädigung in eigenartiger Weise mit Entwicklung eines latenten maskulinen Anteils der Gonade reagieren kann (Crew und Fell), so ist es nicht möglich, Zawadowskys Befund in erster Linie dem verpflanzten Testikel zuzuschreiben. Die hier nur angedeuteten Verhältnisse werden im folgenden noch erörtert.

Mit den erwähnten experimentellen Ergebnissen lassen sich klinische Befunde an Fällen von wahrem Drüsenzwittertum und an Fällen mit erworbener Keimdrüsenschädigung vereinbaren.

Bisher sind beim Menschen zehn sichere Fälle von Hermaphroditismus verus beschrieben worden: Sichere Ovotestes: Salén-Pick, Garré-Simon, Gudernatsch, Kleinknecht, O. Polano, Schauerte-Berblinger. Glandulärer Hermaphroditismus: Photakis, Wrany und Obolonski, K. Sand.

Wahrer Hermaphroditismus beim Schwein: Reuter 1885, Kingsbury 1909, G. W. Corner (keine Zwitterdrüse); Kitt, Orth, Pick (6 Fälle).

Wahres Zwittertum bei anderen Tieren: G. Krediet (Ziege, 4 Fälle), W. Kolmer und F. Schemintzky (Hecht, Salamandra maculosa), C. G. Hartmann und W. Hamilton (Huhn).

Die bisher beschriebenen Gonaden des menschlichen echten Zwitters sind meist Zwitterdrüsen, in denen der ovarielle Anteil häufig Eier, sogar Follikel aufweist, während der testikuläre in der Regel weniger weit entwickelt erscheint und nur ausnahmsweise Spermatogenese unterhält. K. Sand beschrieb 1923 einen Fall von Hermaphroditismus verus glandularis alternans bei einem 10jährigen „Knaben“.

G. W. Corner beschreibt einen Fall von Hermaphroditismus verus lateralis ohne Zwitterdrüse beim Schwein. Das Ovar war normal und funktionstüchtig. Im Hoden fehlte die Spermiogenese, doch war auch der generative Anteil soweit ausgebildet, daß dieser Testikelbefund unvereinbar ist mit der Auffassung, die Keimdrüse des Zwitters sei der Rest eines neutralen Zustandes der Gonaden, dessen Differenzierung ausgeblieben sei (Corner).

Trotz aller dieser Stützen der „Keimdrüsentheorie“ gibt es einen Komplex von Tatsachen, der mit ihr schlechterdings unverträglich ist. Es handelt sich um den nicht glandulären Hermaphroditismus, das Scheinzwittertum der älteren Terminologie. In diesen weitaus häufigeren Fällen von Zwittertum sehen wir, ohne Rücksicht auf die Hoden, die als einziges Keimdrüsengewebe gefunden werden, Ausbildung der äußeren Geschlechtsorgane, der Geschlechtswege und eines mehr oder minder großen Teiles der sekundären Geschlechtscharaktere zu ausgesprochen weiblichen Merkmalen — oder das Umgekehrte: männliche Sexuscharaktere bei einem Individuum, das nur weibliche Keimdrüsen besitzt.

V. Patzelt beschreibt einen Fall von Pseudohermaphroditismus completus, linksseitig vermutlich mit primärer Aplasie der Keimdrüsen und Ausführungsgänge (keine sekundäre Abschnürung anzunehmen): 23jähr. Dienstmagd, psychisch und somatisch (Brüste, Genitale usw.) feminin. P. betont, den „gänzlichen Mangel von Ovarien in einem durchaus weiblich ausgebildeten und veranlagten Körper, während dem vorhandenen Hoden homologe Geschlechtsmerkmale ... vollständig fehlen“. Es handelt sich allerdings nur um den Operationsbefund, nicht um eine Sektion.

Nach Dvořak sind beim Menschen bisher 20 Fälle von Hermaphroditismus tubularis masculinus beschrieben.

Neuere Fälle von Scheinzwittertum beim Menschen R. Dvořak, W. Beck, J. Maicher (3 Fälle), G. Mittasch, v. Keußler (2 Fälle), A. Priesel, Schmincke und Romeis, A. Loeser und W. Israel (2 Fälle von Pseudohermaphroditismus femininus externus), Unger, Sieglbauer, V. Patzelt u. a.

F. A. E. Crew beschreibt Scheinzwittertum bei 24 Ziegen, 7 Schweinen, 2 Pferden, 1 Rind und 1 Schaf (Pseudohermaphroditismus masculinus).

Hodenbesitzer (beim Menschen das heterogametische Geschlecht) zeigen viel, nach A. Greil etwa zehnmal, häufiger einzelne heterologe Geschlechtsmerkmale als weibliche Individuen.

Kolisko betont, daß das Scheinzwittertum nichts grundsätzlich anderes sei, als der wahre Hermaphroditismus. Er dürfe nicht als einfache Hemmungsmißbildung aufgefaßt werden, weil es sich dabei um eine Kombination mehrerer sexueller Anomalien zu handeln pflegt.

Unter einer einzigen Bedingung läßt sich das Scheinzwittertum der Keimdrüsentheorie einordnen, wenn sich nämlich in den Keimdrüsen dieser Fälle eine Anomalie nachweisen läßt, die für die absonderliche Ausbildung der sekundären Geschlechtsmerkmale verantwortlich gemacht werden kann. Steinach versuchte in diesem Sinne die Keimdrüsentheorie zu rechtfertigen. Dieser Versuch darf als gescheitert gelten. Einmal nimmt Steinach an, daß das geschlechtspezifische innere Sekret der Keimdrüse vom Zwischengewebe, unabhängig vom generativen Keimdrüsenanteil, gebildet wird — dies ist zum mindesten höchst zweifelhaft. Im Hodeninterstitium von Homosexuellen, die man wohl mit Steinach als psychische Zwitter ansehen darf, beschreibt er weibliche Zwischenzellen („F.-Zellen"), die sich im wesentlichen durch ihre besondere Größe, durch reichliches, stärker färbbares Protoplasma, chromatinarmen Kern, häufig polygonale Gestalt und Mehrkernigkeit (2—3 Kerne) auszeichnen. Diese F.-Zellen sollen als ein Teil der weiblichen „Pubertätsdrüse" (Thecaluteinzellen) bei männlichen Zwittern aller Grade verantwortlich sein für die teilweise heterologe Ausbildung der Sexuscharaktere.

Befund an fünf Hoden gesunder Homosexueller von 22 bis 43 Jahren. — Bei einer klinisch ausgesprochen homosexuellen Ziege berichtet Steinach von einer Zwitterdrüse mit Zerstörung des generativen Gewebes, sowie männlichen Zwischenzellen, die quantitativ und qualitativ den weiblichen überlegen gewesen sein sollen.

Lichtenstern, Mühsam fanden Hodentransplantation auch bei menschlichen Homosexuellen quoad sanationem wirksam. Andere Operateure (E. Kreuter) halten sie für objektiv völlig unwirksam.

E. Kreuter hat nach dem Fehlschlagen der Versuche Homosexuelle durch Transplantation normaler Hoden (nach Lichtenstern) zu heilen, eine Umkehrung der Lichtenstern-Steinachschen Operation experimenti causa ausgeführt, indem er den Hoden eines Homosexuellen einem wegen Hodentuberkulose Kastrierten einpflanzte. Während 8monatiger Beobachtung konnte wohl die Wiederkehr gelegentlicher Erektionen festgestellt werden, das Triebleben aber blieb heterosexuell. Nach diesen Ergebnissen lehnt Kreuter — entgegen eigenen früheren Mitteilungen — die Heilungsmöglichkeit Homosexueller durch die Lichtensternsche Operation ab.

I. Matsuno exstirpierte zwei Zwittern die Keimdrüse, die sich histologisch als Ovarien ohne heterologe Gewebsbeimischung erwiesen. Die den Zwittern eingepflanzten normalen Eierstöcke ließen jede Wirkung vermissen.

Zahlreiche Nachuntersuchungen an Hoden von Homosexuellen und männlichen Scheinzwittern haben solche Zwischenzellen regelmäßig vermissen lassen.

Nach F.-Zellen beim Scheinzwitter fahndeten vergebens: A. Schmincke und B. Romeis, H. v. Keußler (3 Fälle), C. Sternberg (3 Homosexuelle), A. Doenicke (2 Scheinzwitter), F. Prange (4 Ziegenzwitter), V. Patzelt (Scheinzwitter).

Kyrle ebenso Berblinger konnten wahrscheinlich machen, daß die F.-Zellen gewöhnliche Zwischenzellen sind, die im Sinne der Riesenzellbildung auf irgendeinen Reiz reagiert haben. Die Riesenzellbefunde von Maximow, Herxheimer-Hoffmann, Sanfelice, Berblinger sowie Kyrle zeigen, daß die Reize, die zu Riesenzellbildungen im Hoden führen, für unsere Frage ganz belanglos sein dürften. Sieglbauer hat durch Zellmessungen nachweisen können, daß die Thekaluteinzellen im Ovar normalerweise gar nicht größer sind, als gewöhnliche Leydigzellen im Hoden.

Die Keimdrüsentheorie findet aber noch andere Schwierigkeiten. So findet man, wenn auch extrem selten, bei Foeten und Kindern mit beidseitiger Anorchie, dem Alter entsprechend wohlgebildete männliche Geschlechtscharaktere (vgl. Halban, Robert Meyer).

Beneke berichtet über ein 20jähriges, äußerlich völlig normales Mädchen, bei dem die Sektion keine Keimdrüse hat finden lassen: Mammae, Vulva o. B., Gebärmutter nur in Form eines „dünnen Blattes", Tuben und Ovarien nicht vorhanden.

Eine weitere Schwierigkeit bieten Fälle von Mosaik- und Halbseitenzwittertum (J. Halban), die beim Menschen selten (ein Fall wurde von Virchow begutachtet [von Neugebauer]), bei Tieren öfter beschrieben sind (M. T. Macklin [Huhn]).

Virchow sagt:

„Von besonderer Bedeutung ist, daß die linke Seite, auf welcher sich an den Genitalien die wesentliche Anomalie konzentriert, auch am übrigen Körper weniger entwickelt ist. Es gilt dies nicht bloß von den Extremitäten, an denen ein solches Zurückbleiben weniger auffällig wäre, sondern auch vom Rumpfe und Gesicht. An letzterem ist die mangelhafte Entwicklung schon von weitem recht auffällig." (Zit. nach v. Neugebauer.)

Losert beschrieb 1921 einen Fall von Halbseitenzwittertum beim Menschen. Auf der rechten Seite fand sich palpatorisch im Skrotum ein kleiner Hoden (ohne Spermiogenese), der Nebenhoden und das Vas deferens. Die rechte Mamma war nur klein. Links wurde in einem Leistenbruch ein zystisches Ovar mit Follikeln und Corp. luteum festgestellt. Die linke Mamma war groß, außerdem war das linke Bein ohne andere ätiologische Anhaltspunkte um $1^1/_2$ cm verkürzt.

Daß die männlichen Brustdrüsen, die als Indikator bei künstlicher Feminierung und Zwitterung angeführt werden, in ihrer Ausbildung von hormonalen Einflüssen nicht absolut abhängen, ergibt sich daraus, daß unter Grubers 45 Fällen von Gynäkomastie zehn nur einseitig waren (zit. n. Hammett).

Die Fälle von einseitiger Gynäkomastie scheinen mir insofern besonders bedeutungsvoll, als sie meines Erachtens nicht den lokalen Mißbildungen an die Seite zu stellen sind, sondern dem Mosaikzwittertum, indem beim Menschen eben nur dies eine besonders „locker eingefügte Mosaiksteinchen" im Sinne des Zwittertums „ausgewechselt" sein kann.

M. Zawadowsky kommt auf Grund von Kastrationsversuchen an Hahn, Henne, Fasanen, Antilopen (Portax pictus und deren Verwandten) zur Annahme, daß vor der Differenzierung durch das geschlechtsspezifische Keimdrüsenhormon alle übrigen Gewebe des späteren männlichen und weiblichen Organismus „identisch" resp. „äquipotentiell" sind. Diese, m. E. vorsichtigere Ausdrucksweise hält Lipschütz selbst für glücklicher als seine Bezeichnung „asexuelles" Soma.

Einige Versuche am Huhn, die die Möglichkeit einer hormonalen Entstehung des Halbseitenzwittertums nahelegten, scheiden als Beweismittel in dieser Sache aus, nachdem die Eigenart der Verhältnisse beim Huhn von Morgan u. a. einigermaßen aufgeklärt worden ist.

Unverständlich ist auch nach der Keimdrüsentheorie das rudimentäre Vorhandensein heterologer Sexusmerkmale beim normalen eingeschlechtlichen Individuum. Warum erspart sich eine Embryonalform, die im strengen Sinne asexuell ist, nicht die Anlage von Organen, die nach dem Charakter der angeblich allein geschlechtsbestimmenden Keimdrüse doch keine Aussicht auf spätere Funktion haben?

Diese Verhältnisse wurden schon von Darwin im Sinne der

„Dysontogenese-Theorie"

gedeutet, zu deren Erörterung wir damit übergehen.

Darwin schloß aus den Rudimenten heterologer Sexuscharaktere auf das Latentbleiben eines Teils des doppelgeschlechtlichen Erbgutes im normalen eingeschlechtlichen Individuum.

A. Doenicke kommt auf Grund des Literaturstudiums und eigener Befunde zur Annahme, die Ursache des Zwittertums liege bereits in einer krankhaften Störung des Eies oder Spermatozoons, dessen Chromosome vielleicht bei der Reduktionsteilung geschädigt worden seien.

Ein weiterer Hinweis liegt in der klinischen Beobachtung familiären Zwittertums, familiären Eunuchoidismus und erblicher Gynäkomastie, sowie der Vergesellschaftung von Hermaphroditismus mit anderen, das Genitale nicht betreffenden dysontogenetischen Anomalien.

Johannes Maicher berichtete 1923 über eine Familie, in der drei Scheinzwitter beobachtet wurden:

1. Martha Kühnel, Pseudohermaphroditismus femininus extern. Untersucher: J. Maicher.
2. Olga K., Pseudohermaphroditismus femininus externus. Untersucher: P. Fraenkel.
3. Emma K. Untersucher: O. Küstner.

H. Diefenbach beschreibt zwei Fälle von Pseudohermaphroditismus bei einer 19jährigen Fabrikarbeiterin (mit mikroskopisch untersuchtem Hoden) und einem 7jährigen Schwesterkind der Patientin (große Klitoris, keine Vagina). Die Familienanamnese ergab: bei zwei Urgroßtanten und zwei Großtanten mütterlicherseits zeitlebens Amenorrhöe und kinderlose Ehe. Bei zwei Basen der Mutter soll ein Arzt genitale Mißbildungen, die Monatsblutungen verhinderten, festgestellt haben. Eine Nichte der Patientin hat eine angeborene Vergrößerung des rechten Labium majus.

G. Mittasch veröffentlichte einen instruktiven Fall von Pseudohermaphroditismus internus: 54jähriger verheirateter Tischlergeselle. Psychisch: sexuell indifferent. Allgemeineindruck und alle äußeren Geschlechtscharaktere: männlich. An inneren Geschlechtsorganen finden sich: 1. Hoden mit Vorstufen der Spermatozoen und Zwischenzellenwucherung, die Testikel sind nicht ins Skrotum hinabgestiegen; 2. normale Samenblase und Prostata. An weiblichen Organen sind: 1. Tuben ohne Ostien, 2. ein wohlgestalteter Uterus und 3. eine Vagina vorhanden. Die Vagina mündet in die männliche Urethra. Als dysontogenetische Symptome werden gefunden: Dreilappigkeit der linken Lunge, eine Nebennierenrindengeschwulst, anamnestisch festgestellte Sprachstörung, Taubheit, psychische Minderwertigkeit. Mittasch nimmt hinsichtlich der formalen Genese eine Entwicklungsmöglichkeit der Sexuscharaktere nach männlicher wie weiblicher Richtung an, hinsichtlich der kausalen eine Störung im ererbten geschlechtsbestimmenden Impuls.

In ähnlichem Sinne weist A. Greil an Hand einiger Fälle von Keller (Karzinosarkom), Wagner (Samenkanälchenadenom), Abel (alveoläres Sarkom) auf die nicht seltene Kombination von Zwittrigkeit mit Keimdrüsentumoren hin.

A. Furno beschreibt familiäres Vorkommen des Eunuchoidismus (9 Eunuchoide in vier Generationen). F. Prange beobachtete, daß eine Ziege mit verschiedenen normalen Böcken, und ein Bock mit verschiedenen normalen Ziegen einen Wurf zwittriger Tiere zeugte.

H. E. Jordan beschreibt drei Zwitter in zwei Generationen.

V. Patzelt berichtet über die Vererbung beim familiären Hermaphroditismus, es könne jeder der beiden Eltern unmittelbar die Anlage übertragen oder mittelbar über eine normale Mutter auf das Enkelkind, so daß sogar männliche und weibliche Scheinzwitter innerhalb desselben Stammes festgestellt worden sein sollen (Literaturangaben sollen in seiner erst angekündigten Arbeit erfolgen).

Auch die experimentellen Befunde, die als Stützen der Keimdrüsentheorie erwähnt wurden, lassen sich der dysontogenetischen Theorie unschwer einordnen. Es genügt die Annahme, daß beim heterogametischen Geschlecht beide geschlechtsbestimmenden Faktoren nebeneinander erhalten bleiben und daß der heterologe nur normalerweise vom anderen unterdrückt werde (Kolisko).

J. Halban hat die Keimdrüsentheorie mit Hinweis auf das Scheinzwittertum, das Vorkommen von Mosaik- und Halbseitenzwittern ebenfalls abgelehnt. Er nimmt an, daß sämtliche Differentiae sexuales mit dem Moment der Befruchtung männlich oder weiblich determiniert sind. Den Keimdrüsen schreibt er nur einen „protektiven" Einfluß zu (ähnlich L. Loeb u. a.). Unwahrscheinlich scheint seine weitere Annahme, daß Ovarien und Testikel unspezifisch, und zwar gleichsinnig protektiv wirken, und daß sie identische oder wenigstens verwandte Hormone bilden. Die Erfolge der gekreuzten Transplantation und künstlichen „Zwitterung" widersprechen der letzten Ansicht aufs entschiedenste.

Versuchen wir nun im Anschluß an Spemann und R. Goldschmidt zu möglichst detaillierten Vorstellungen über Genese und Dysontogenese der Differentiae sexuales zu gelangen. Spemann und H. Mangold verpflanzten bei pigmentierten und pigmentlosen Tritonarten heteroplastisch einen kleinen Gewebebezirk, der sich vor allen anderen gerade eben differenziert hatte. Dieserart gelang es ihnen zu zeigen, daß es ein Entwicklungsstadium gibt, in dem ein ganz kleiner Gewebebezirk das „Organisationszentrum", die übrige Keimsubstanz, als sein indifferentes Bildungsmaterial, zunehmends determiniert. Der „Determinationsstrom" (Spemann), der vom „Organisator" aus dem Keim überflutet, nimmt nun keineswegs die Differenzierung allerorts gleichmäßig auf, sondern schafft ein System von Gruppenführern, „Organisatoren II. (und höherer) Ordnung" (Spemann und Geinitz), durch die die Entwicklung je eines Zellkomplexes, „Organisationskomplexes", weitestgehend selbständig abläuft. Im Transplantationsversuch während der Determinationsperiode finden wir demgemäß, daß sich dem Organisationszentrum nahe entnommene Bezirke, die schon determiniert worden sind, nach Verpflanzung „herkunftsgemäß" entwickeln. In größerer Entfernung vom Organisator explantierte Bezirke, die vom Determinationsstrom noch nicht berührt wurden, entwickeln sich dagegen „ortsgemäß", im Einklang mit ihrer neuen Umgebung (Spemann und O. Mangold).

Auch die Stellung der Organisatoren II. Ordnung im Entwicklungsablauf läßt sich experimentell umgrenzen. So wird bei Amphibienkeimen (von Ausnahmen abgesehen) eine Augenlinse nur dann aus der Epidermis gebildet, wenn sich ein Augenbecher unter dem entsprechenden, oder einem beliebigen anderen indifferenten Epidermisbezirk befindet. Da der präsumptive Augenbecher, der dieserart die Linsenbildung induziert, in einem früheren Entwicklungsstadium aber selbst noch indifferentes Material darstellt, kann er in der frühen Gastrula gegen beliebige präsumptive Epidermis, z. B. auch des späteren Linsengebietes, vertauscht werden. So könnte die zukünftige Linsenepidermis zunächst mit der zukünftigen Augenbecheranlage ausgewechselt werden — solange der Determinationsstrom vom Organisationszentrum aus keinen der beiden Bezirke bereits festgelegt hat. In einem späteren Stadium wäre dann die verlagerte, seinerzeitig präsumptive Linsenbezirkepidermis zum Augenbecher geworden, der seinerseits die seinerzeitig präsumptive Augenbecheranlage, die durch die Vertauschung jetzt Linsenbezirkepidermis geworden ist, zur Linsenbildung ebenso anzuregen imstande ist, wie jede andere indifferente Epidermisstelle. (Ein Beispiel Spemanns.)

Eine völlig entsprechende Umkehr von Induktor und Induziertem hat Geinitz hinsichtlich Medullarplatte und Urdarmdach durch zweimalige Verpflanzung von vital gefärbtem präsumptiven Ektoderm erzielt. (Versuche an Triton taeniatus, zit. nach Spemann.) Als Illustration für den Mediziner sind die letzteren Verhältnisse vielleicht etwas weniger geeignet, als das obige Beispiel.

So dürfte am Ende der Determinationsperiode der Keim aus vielen ziemlich selbständigen Organisationskomplexen bestehen, die sich vermutlich durch innere Sekrete in Tempo und Ausmaß ihrer Ausbildung einander anpassen, und so den Consensus partium gewährleisten. Erinnern wir uns in diesem Zusammenhange des Scheinzwittertums, des Halbseitenzwittertums und mancher anderer Befunde, die gegen die Keimdrüsentheorie sprachen, und gedenken wir insbesondere der unilateralen Formen des Hermaphroditismus, so werden wir geneigt sein, die Ausbildung der Differentiae sexuales (Keimdrüsen [Hermaphroditismus germinalis uni(bi-)lateralis], abführende Geschlechtswege [Hermaphroditismus tubularis uni(bi-)lateralis], äußeres Genitale [Hermaphroditismus genitalis s. copulativus], Brustdrüse [Gynaecomastia uni(bi-)lateralis] u. a.) mehreren selbständigen Organisationskomplexen zuzuschreiben. Was die Organisationskomplexe, die zukünftige sexuelle Bezirke repräsentieren, aber von allen übrigen unterscheidet, ist ihr besonderes Vermögen (andere Organanlagen zeigen dies nur mehr minder angedeutet), zu zwei verschiedenen Endergebnissen zu führen: zum männlichen oder weiblichen Sexualtyp. Wollte man nun annehmen, daß die sexuellen Organisationskomplexe von Grund auf verschiedene Bildungsmechanismen ablaufen ließen, je nachdem der Geschlechtschromosomenbestand weibliches oder männliches Geschlecht vorschriebe, so würde diese Meinung durch die Ergebnisse der Kastration und

Keimdrüsentransplantation widerlegt. (Feminierung, Maskulierung, Zwitterung.)

So bleibt noch die Möglichkeit, daß in jedem Organismus beide Geschlechtsfaktoren wirksam sind und daß die sexuellen Organisationskomplexe mit dem gleichen Bildungsmechanismus beide Geschlechtstypen zu differenzieren in der Lage sind. An diesem Punkt unserer Überlegungen finden wir den Anschluß an Goldschmidts Theorie der geschlechtlichen Entwicklung und der Intersexualität. Zwar entwickelte sich diese Theorie aus experimentellen Ergebnissen an einem recht entfernten phylogenetischen Verwandten des Menschen, dem Schwammspinner (Lymantria dispar), doch zeigen Minouras Hühnerintersexe, die er durch die Verpflanzung von Gonaden auf die Chorio-allantoismembran im Ei erzeugen konnte, Crewund Fells sowie Zawadowskys Befunde an Hühnerintersexen, Lillies und B. Williers Beobachtungen an Rinderzwicken, sowie die histologischen Verhältnisse der Zwitterdrüse bei Säugerhermaphroditen (Bujard, F. A. E. Crew, Prange) eine beachtliche Übereinstimmung mit Goldschmidts sachlichen und theoretischen Resultaten. Die folgende Darstellung bringt eine Modifikation der Goldschmidtschen Auffassung (die Art der hier vertretenen Abweichung und die zugehörige Begründung wird dann anschließend erörtert). Das Symbol des männchenbestimmenden Erbfaktors bei Lymantria sei X_2, des weibchenbestimmenden X_3, ein X_3 ist stärker als ein X_2, aber schwächer als zwei X_2. Zwischen den Erbfaktoren bestehen nur diese quantitativen, aber keine qualitativen Unterschiede. Das männliche Geschlecht ist beim Schwammspinner homogametisch, d. h. alle Spermien sind gleichartig und repräsentieren ein X_2, das weibliche Geschlecht ist heterogametisch, es besitzt sowohl weiblich disponierte Eier mit dem Chromosom (X_3), als männlich vorbestimmte mit einem Chromosomenbestand (X_2, X_3).

Demgemäß entstehen beim Schwammspinner Männchen auf Grund der Kombination: (X.) [Spermatozoon] (X_3, X.) [männlich disponiertes Ei], weil zwei X_2 wirksamer sind als ein X_3; Weibchen nach der Formel: (X_2) [Spermatozoon] (X_3) [weiblich vorbestimmtes Ei], weil ein X_3 stärker ist als ein X_2.

Diese für unsere Zwecke weitgehend vereinfachte Darstellung wird zum Verständnis des folgenden genügen. Eingeschaltet sei nur, daß Lenz, Berblinger, Kolisko u. a. beim Menschen analog ein heterogametisches Geschlecht, hier freilich das männliche, und ein homogametisches weibliches annehmen. Auch beim Menschen ist nach Koliskos Ausdruck die Geschlechtsbestimmung „progam“ und zugleich „syngam“.

Vergleiche Schema I, „Sexuelle Ausbildung im weiblichen Geschlecht“: Ganz links ein männchenbestimmendes Spermatozoon (m. b. sp.) als kleines Viereck mit dem Chromosomenbestand (X_2, X_3). Daneben ein großes Viereck, in dem oben das weibchenbestimmende Spermatozoon (X_3) (w. b. sp.) und unten das homogametische Ovulum (X_2) (ho. Ov.) markiert sind, die im gewählten Beispiel zusammentreten und ein weibliches Individuum zur Ausprägung bringen: Der ovaläre Bezirk in der Mitte dieses Vierecks zeigt, daß (X_3) (weibchenbestimmend) stärker ist als ein (X_2) (männchenbestimmend). Die soweit dargestellten Verhältnisse entsprechen dem Stadium der Befruchtung und der frühesten Entwicklung: vom Organisationszentrum überflutet der Determinationsstrom den Keim und gibt Organisatoren II. Ordnung ab, die die Differenzierung je eines Organisationskomplexes übernehmen. Als Beispiel sexueller Organisationskomplexe sind anschließend die Komplexe: Keimdrüse, abführende Geschlechtswege, äußeres Genitale und Mamma für die linke und rechte Körperhälfte eingezeichnet.

G o l d s c h m i d t erblickt in den Chromosomen Autokatalysatoren, „Enzyme“, die auf die unmittelbar formativen Kräfte regulierend einwirken. Zuerst wirkt das weibliche Enzym durch höhere Konzentration stärker, später das männliche. Die Überschneidung der beiden Wirksamkeitskurven nennt G o l d s c h m i d t den „Drehpunkt“. Beim männlichen Geschlecht überholt das männchenbestimmende Chromosom das weibchenbestimmende so rasch

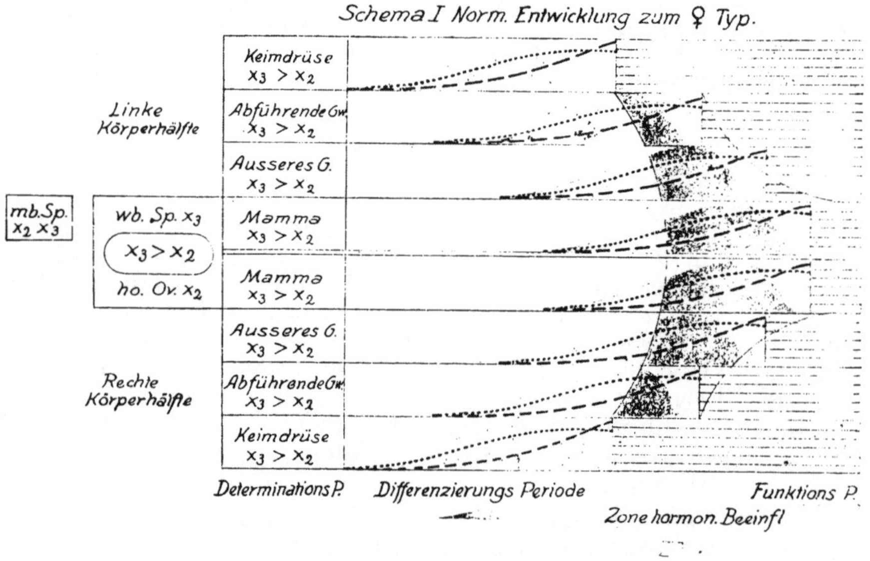

an Wirksamkeit, daß der Drehpunkt frühzeitig in der Ausbildungsperiode überschritten wird und dem männlichen Enzym noch Zeit bleibt, sich vor Entwicklungsabschluß voll auszuwirken.

In diesem Zusammenhang sei erwähnt, daß K. F. B a s c o m beim Rinderembryo das Ovarium erst im 82-mm-Stadium identifizieren konnten, den Hoden bereits bei 30 mm langen Embryonen. Auch glaubt er feststellen zu können, daß sich der Testikel viel rascher entwickelt als der Eierstock.

Bei dem präsumptiven Weibchen steigt die Wirksamkeit des männchenbestimmenden Enzyms so langsam an, daß es das weibchenbestimmende Chromosom erst nach Beendigung der sexuellen Entwicklung an Wirksamkeit überflügelt, der Drehpunkt fällt also in einen nicht mehr beeinflußbaren Lebensabschnitt, er bleibt ohne Folgen. Zwischen diesen beiden physiologischen Polen stehen die „Intersexe“.

Vergleiche Schema I: Jeder der beispielsweise gezeichneten Organisationskomplexe tritt in das Stadium der Differenzierung. Die Differenzierungsperiode wird durch einen licht getuschten Bezirk dargestellt, der nur eine dunklere

Tönung erhalten hat, soweit er in die späterliegende, ebenfalls licht getuschte Zone der hormonalen Beeinflußbarkeit hineinreicht, wo sich also zwei lichtgetuschte Flächen überlagern. Das Schema zeigt durch die gegenseitige Verschiebung und die Form der Differenzierungsbezirke, daß die Intensitätsmaxima und Abschlußtermine der Entwicklung für Keimdrüsen, abführende Geschlechtswege usw. auf verschiedene Zeitpunkte fallen. Innerhalb der Differenzierungsperiode dieser verschiedenen Organisationskomplexe verläuft aber die Regulierung durch die geschlechtsbestimmenden Enzyme durchaus analog: die punktierte Linie markiert die Wirksamkeit des weibchenbestimmenden Enzyms, die gestrichelte Linie ist die Enzymkurve des männchenbestimmenden Chromosoms. Die Überschneidung der Enzymkurven, der Drehpunkt, fällt im gewählten Beispiel weiblicher Geschlechtsausprägung in jedem Organisationskomplex hinter den Abschluß der Differenzierungsperiode und bleibt quoad sexueller Umstimmung wirkungslos.

Für die Intersexe liegt der Drehpunkt zwischen den Drehpunkten des normalen männlichen und weiblichen Geschlechts.

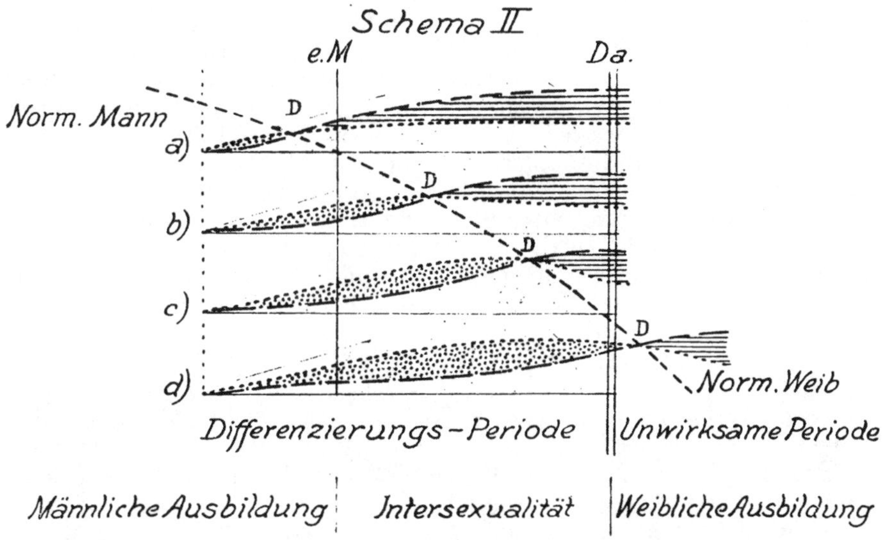

Ihre sexuelle Ausbildung vollzieht sich zu lange Zeit unter der Führung des weibchenbestimmenden Enzyms und zu kurze Zeit unter der Führung des männchenbestimmenden, weil der Valenzunterschied zwischen den Enzymen ungewöhnlich klein ist. Die geringste Wirksamkeitsdifferenz zwischen den beiden Enzymen, die noch zum normalen männlichen Typ führt, nennt Goldschmidt das „epistatische Minimum", je stärker es unterschritten wird, desto weitgehender zeigt sich die Intersexualität.

Schema II zeigt die Differenzierungsperiode eines beliebigen sexuellen Organisationskomplexes unter vier verschiedenen Verhältnissen (a, b, c, d). Die Differenzierungsbezirke sind wiederum als lichtgetuschte Flächen dargestellt, die Wirkungskurve des männchenbestimmenden Enzyms wird durch eine gestrichelte Linie angegeben, die des weibchenbestimmenden durch die punktierte Kurve. Die schraffierten und punktierten Gebiete zwischen den beiden Kurven, die dem Überwiegen des männchen- resp. weibchenbestimmenden Enzyms entsprechen, dienen lediglich zur schärferen Markierung des Drehpunktes, der von a—d immer später erreicht wird. Der vertikale Doppelstrich (D. a.) bezeichnet den Differenzierungsabschluß resp. den Beginn der unwirksamen Periode quoad (genotypischer) sexueller Umstimmung. Die Senkrechte (e. M. = epistatisches Minimum) links markiert die Lage des Drehpunktes, wenn der Valenzunterschied zwischen den beiden Enzymen eben gerade ausreicht, um noch einen normalen männlichen Typus auszubilden, d. h. wenn er dem epistatischen Minimum entspricht. Zwischen der Linie e. M. und der Doppellinie D. a. liegt dann der Bereich mehr oder minder weitgehender sexueller Umstimmung des Organisationskomplexes im Sinne der Intersexualität. Liegt der Drehpunkt, wie in der Rubrik d, außerhalb der Differenzierungsperiode, so wird die weibliche Differenzierung beibehalten und normal durchgeführt, liegt er, wie in Rubrik a, vor dem epistatischen Minimum, so entsteht ein normales männliches Individuum. Die Verhältnisse in Rubrik b entsprechen einer hochgradigen (resp. männlichen) Intersexualität, die in Rubrik c einer schwachen (resp. weiblichen) Intersexualität.

Wenn das alles richtig ist, so müssen zwei Arten von Veränderungen geschlechtsumstimmend wirken können. Erstens kann sich das Kräfteverhältnis der beiden Enzyme ändern, die Goldschmidt für das wirksame Prinzip der beiden Geschlechtschromosome hält. Ist beispielsweise das männliche Enzym nicht kräftig genug, um das weibliche an Wirksamkeit zu überflügeln, solange sich die sexuellen Organisationskomplexe des Gesamtorganismus noch im Entwicklungsstadium befinden, so fällt der Drehpunkt in die unwirksame Periode: es bleibt bei der Ausbildung zum weiblichen Typus. Ändert sich nun das Kräfteverhältnis der Geschlechtschromosome zugunsten des männlichen Enzyms, wird es innerhalb der Entwicklungszeit wirksamer als das weibliche, so fällt der Drehpunkt in die wirksame Periode, die Organisationskomplexe entwickeln sich vom Drehpunkt ab in männlicher Richtung (soweit gewisse Vorbedingungen erfüllt sind, über die noch zu sprechen sein wird).

Die zweite Art der Veränderung läßt das Verhältnis der beiden Enzyme bestehen und ändert die sich überkreuzenden Wirksamkeitskurven in keiner Weise. Der Drehpunkt wird also in jedem Organisationskomplex zur planmäßigen Zeit erreicht. Dagegen wird in diesem Falle der Abschluß der Gesamtentwicklung nicht rechtzeitig herbeigeführt, er tritt vorzeitig ein oder wird hinausgezögert. Nehmen wir als Beispiel wieder den ersten Fall, wo das männliche Enzym das weibliche erst nach Abschluß der Entwicklung an Wirksamkeit übertrifft, wo demgemäß der Drehpunkt in einen Lebensabschnitt mit fertiger Differenzierung fällt und sich die Organisationskomplexe zu weiblichen Sexualcharakteren entwickeln. Gelingt es hier, die Gesamtentwicklung, und damit die Entwicklung aller sexuellen Organisationskomplexe zu verzögern, ohne gleichzeitig die Enzyme der Geschlechtschromosome in Mitleidenschaft zu ziehen, so wird der fixe Drehpunkt vor den Abschluß der allgemeinen künstlich verlängerten Entwicklungsperiode zu liegen kommen. Das ungehemmte, rechtzeitig emporgekommene männliche Enzym wird in diesem noch beeinflußbaren Stadium bewirken können, daß sich sexuelle Organisationskomplexe mehr oder wenig weit in männlicher Richtung ausbilden.

Schema III zeigt diesen Umstimmungsmodus. In den beiden Fällen, die verglichen werden, verhalten sich die Enzymkurven völlig gleichartig. [Die Enzymkurven sind lediglich durch mangelhafte Zeichnung nicht völlig kongruent ausgefallen.] Der Drehpunkt wird am gleichen Termin überschritten.

Bei Anwendung der gleichen Zeichengebung wie in Schema I und II ist ohne weiteres ersichtlich, daß die Verlängerung der lichtgetuschten Differenzierungsperiode im unteren Fall den Drehpunkt in die wirksame Periode fallen läßt, so daß der Organisationskomplex intersexuell wird, statt weibliche Ausprägung beizubehalten.

Die beiden Arten geschlechtsumstimmender Veränderungen scheint Goldschmidt am Schwammspinner experimentell stützen zu können.

1. Durch Kreuzungen zwischen Schwammspinnerrassen mit verschieden stark wirksamen Geschlechtschromosomen (starke Japaner × schwache Europäer) konnten so hochgradige genetische weibliche Intersexuelle gezüchtet werden, daß der Drehpunkt früh genug überschritten wurde, um sogar die Umbildung des Ovars in einen Hoden zu bewirken. R. Goldschmidt und S. Saguchi haben die dabei erhobenen Befunde genau beschrieben.

2. Glaubt Goldschmidt durch mehrwöchige Abkühlung der Schwammspinner auf 8—9° C die Gesamtentwicklung so ver-

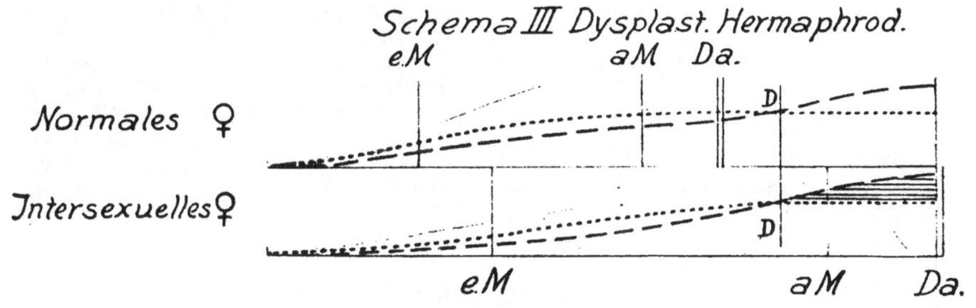

zögert zu haben, daß normale Weibchen zu Individuen wurden, die sich in nichts von mittelstarken genetischen Intersexuellen unterschieden.

Für die Erklärung, warum und inwiefern die vorliegende Darstellung von der Goldschmidtschen abweicht, ist eine Eigenart der experimentellen Zwitterung bei Lymantria besonders wichtig. Gleichgültig, ob die Intersexualität durch Rassenkreuzung oder Entwicklungsverzögerung erzielt worden war, stets zeigte sich, daß diese Tiere nicht eine gleichmäßig weitgehende Zwitterung aller Geschlechtscharaktere erlitten hatten. Vielmehr war die offensichtliche Regel: Je schwächer die Intersexualität ist, um so mehr beschränkt sie sich auf die Umstimmung nebensächlicher, vor allem sich relativ spät differenzierender Geschlechtscharaktere.

In diesem Zusammenhang ist die Analyse des intersexuellen Schwammspinnerflügels recht interessant, dessen Mosaik gewissermaßen eine „Momentphotographie des Determinationsstroms“ (Goldschmidt) darstellt: alles, was der Determinationsstrom bereits überflutet hatte, behält die ursprüngliche Tendenz bei, während sich die noch nicht determinierten Bezirke heterosexuell ausbilden.

Da nach den oben entwickelten Vorstellungen aber angenommen werden muß, daß 1. (bei Rassenkreuzung) sich die Überschneidung der Enzymkurven in jedem Organisationskomplex in analoger Weise verschoben hat, und daß 2. (bei Abkühlung) die künstliche Verlängerung der Differenzierungsperiode in jedem Organisationskomplex analoge Bedingungen für das Wirksamwerden eines an sich unterwertigen Enzyms schafft, so bedarf das ungleiche-In-Erscheinungtreten der Intersexualität in den verschiedenen Organisationskomplexen einer besonderen Begründung. Das beobachtete Verhalten wird nun verständlich, wenn wir für die verschiedenen Organisationskomplexe ein gleiches epistatisches

Minimum annehmen, aber verschiedene „alloplastische Minima". Als kürzeste Definition dieses Begriffes wäre anzugeben: das alloplastische Minimum steht am Anfang der Intersexualität (an der Grenze zur weiblichen Ausbildung), so wie das epistatische Minimum am Ende der Intersexualität (als Beginn der männlichen Ausgestaltung eines Organisationskomplexes). So wie wir seinerzeit das epistatische Minimum als die geringste Wirksamkeitsdifferenz zwischen den beiden sexuellen Enzymen bezeichneten, die noch zum normalen männlichen Typus führt (siehe Erklärung zu Schema II), so können wir das alloplastische Minimum als die geringste Wirksamkeitsdifferenz zwischen den Enzymen ansprechen, die eben noch phänotypische Intersexualität eines Organisationskomplexes hervorruft. Genotypisch handelt es sich schon dann um Intersexualität eines Organisationskomplexes, wenn der Drehpunkt zwischen das epistatische Minimum und den Abschluß der Differenzierungsperiode fällt; phänotypiche Intersexualität tritt dagegen nur ein, wenn der Drehpunkt zwischen epistatischem Minimum und alloplastischem Minimum liegt. Wird der Drehpunkt zwar in die Differenzierungsperiode vorverlegt, aber nicht so weit, daß er das alloplastische Minimum des Organisationskomplexes überschreitet, so bleibt die Intersexualität latent.

Nehmen wir als Beispiel an, der Drehpunkt läge 12 Einheiten vor der Lage des Drehpunktes beim normalen weiblichen Individuum, und dies genüge zur völligen sexuellen Umstimmung aller Organisationskomplexe, d. h. zur physiologischen Ausbildung des männlichen Typus. Dann entsprechen 12 n dem epistatischen Minimum. Ändern sich die Enzymkurven in den Organisationskomplexen derart, daß der Drehpunkt nur 10 n vorverlagert wird, so wird das epistatische Minimum nicht mehr erreicht, das alloplastische Minimum noch nirgends unterschritten: alle Organisationskomplexe werden demnach intersexuell. Wird der Drehpunkt nur 8 n vorverlagert, so genügt dies nicht mehr, um die Keimdrüsenanlage phänotypisch intersexuell zu machen, denn deren relativ hohes alloplastisches Minimum wurde bereits unterschritten. Die Keimdrüsenanlage hält also an ihrer Differenzierung zum Eierstock fest. Die anderen Organisationskomplexe aber haben geringere alloplastische Minima als die Gonaden und werden wiederum phänotypisch intersexuell. Wird der Drehpunkt um 6 n vorverlagert, so wird nun schon das alloplastische Minimum sowohl für die Keimdrüsen, wie für die abführenden Geschlechtswege unterschritten, diese bilden sich demzufolge weiblich aus, äußeres Genitale und Mammae werden noch phänotypisch intersexuell usf.

Diese Verhältnisse, die bei Annahme des gleichen epistatischen Minimums und verschiedener alloplastischer Minima in den verschiedenen sexuellen Organisationskomplexen vorliegen, lassen sich an Schema II erläutern. Es handelt sich hier, wie erinnerlich, um die Darstellung eines Organisationskomplexes bei vier verschiedenen Valenzverhältnissen (a, b, c, d) zwischen den beiden sexuellen Enzymen. Nehmen wir zunächst an, dieser Organisationskomplex sei eine Brustdrüsenanlage mit einem geringen alloplastischen Minimum. Die Drehpunktslage, die dem epistatischen Minimum für alle Organisationskomplexe (sonach auch für die Mamma) entspricht, wird durch die Senkrechte e. M. markiert. Die Verhältnisse in Rubrik a entsprechen wieder normalen männlichen Verhältnissen, der Drehpunkt liegt vor dem epistatischen Minimum, die Brustdrüsenanlage wird männlich differenziert. Die Verhältnisse in Rubrik b und c zeigen den Drehpunkt bei Intersexualität, denn das epistatische Minimum ist unterschritten, das alloplastische Minimum für die Mamma noch nicht. In Rubrik d fällt der Drehpunkt in die unwirksame Periode nach Abschluß der Differenzierung, die Brustdrüsenanlage bleibt weiblich. Nehmen wir zweitens an, dieser Organisationskomplex sei die eine der paarigen Anlage des äußeren Genitale mit höherem alloplastischen Minimum. Die Verhältnisse in Rubrik a und d führen wie oben zur normalen männlichen resp. weiblichen Ausprägung. In Rubrik b liegt der Drehpunkt zwischen epistatischem Minimum und dem alloplastischen Minimum für das äußere Genitale, die Genitalanlage wird demgemäß phänotypisch intersexuell.

In Rubrik c hat der Drehpunkt hingegen nicht nur das epistatische, sondern auch das alloplastische Minimum für das äußere Genitale (nicht eingezeichnet, sie liegt zwischen Db und Dc) unterschritten, die Verhältnisse genügen nicht mehr zur Umstimmung des äußeren Genitale im Sinne der Intersexualität, das äußere Genitale verfolgt die weibliche Ausbildung unmodifiziert weiter — seine Intersexualität bleibt latent usf.

Werden also bei der Kreuzung verschieden starker Rassen die Drehpunkte in allen Organisationskomplexen analog vorverlagert, so werden die Organisationskomplexe deshalb nicht gleichmäßig im Sinne der Intersexualität umgestimmt, weil sie verschiedene alloplastische Minima besitzen, und weil eine phänotypische Intersexualität nur erzielt wird, wenn der verlagerte Drehpunkt zwischen das alloplastische und epistatische Minimum verlegt wurde. Die funktionell hochwertigen, sich früh differenzierenden Organisationskomplexe besitzen offenbar relativ hohe alloplastische Minima und reagieren deshalb nur bei hochgradiger Intersexualität. Je mehr sich der Unterschied zwischen weiblicher und männlicher Ausbildung eines Merkmals auf quantitative Differenzen beschränkt, ein desto geringeres alloplastisches Minimum scheint zur sexuellen Umstimmung auszureichen.

Ist die Entfernung der alloplastischen Minima von dem epistatischen Minimum relativ klein im Vergleich zur Gesamtlänge der einzelnen Differenzierungsperioden, und sind die Differenzen zwischen den alloplastischen Minima der verschiedenen Organisationskomplexe sehr gering, so wird eine genügend ausgiebige experimentelle Vorverlagerung des Drehpunktes eine besondere Form der Intersexualität hervorrufen: Das intersexuelle Individuum erscheint dann als eine lokale, mosaikartige Mischung heterosexueller, und zwar fast völlig weiblich oder männlich ausdifferenzierter Sexusmerkmale — ohne Übergangsstadien.

Die Verhältnisse, die bei Abkühlung von Lymantria gefunden wurden, sind in analoger Weise erklärbar. Nur darauf muß hier hingewiesen werden, daß in diesen Fällen allgemeiner Entwicklungsverzögerung nicht nur der Abschluß der Differenzierungsperiode gegenüber den unveränderten Enzymkurven hinausgeschoben wird, sondern analog das epistatische und alloplastische Minimum jedes Organisationskomplexes. Diese beiden Minima sind ja, worauf in den früheren Erörterungen nicht ausdrücklich hingewiesen wurde, ihrem Wesen nach nichts anderes als Grenzlinien einer bestimmten Beeinflußbarkeit des Differenzierungsprozesses durch die Enzyme. Wird die Differenzierungsperiode eines Organisationskomplexes also verlängert, so verschieben sich entsprechend die Grenzen innerhalb deren die Enzyme phänotypische Intersexualität hervorrufen können. Vgl. Schema III. — Die Beobachtung an experimentell erzeugten Intersexen, daß die Geschlechtscharaktere um so leichter umgestimmt werden, je später sie sich normalerweise ausdifferenzieren, scheint zunächst einer einfacheren Erklärung zugängig, als sie hier mit Hilfe der Annahme verschiedener alloplastischer Minima gegeben wurde. Wenn man sowohl auf die Vorstellung der sexuellen Organisationskomplexe, wie der alloplastischen Minima verzichtet, kann man sich denken, daß der Gesamtorganismus resp. die Gesamtheit seiner Geschlechtscharaktere, in der Ontogenese zuerst dem stärkeren weiblichen Enzym folgend, in weiblicher Richtung differenziert würde, vom Drehpunkt ab in männlicher Richtung. (Wie oben für die einzelnen sexuellen Organisationskomplexe geschildert.) Alle die sexuellen Organe, die vor Überschreitung des Drehpunktes bereits fertig ausgebildet waren, bleiben unbeeinflußt, werden weiblich; alle diejenigen, die zur Zeit des Drehpunktes noch unfertig sind, erfahren eine Geschlechtsumkehr. Richard Goldschmidt hält diese einfachere Vorstellung für ausreichend zur Erklärung der Intersexualität, wenn auch nicht aller Formen von Hermaphroditismus, auf die aber meines Erachtens die hier vertretene Auffassung ebenfalls anwendbar ist. Der Unterschied in der Anwendbarkeit beider Hypothesen läßt sich am Beispiel des unilateralen [nicht-halbseitigen!] Hermaphroditismus zeigen. Besitzt z. B. ein Individuum als einziges zwittriges Merkmal einseitig einen Ovariotestes (oder eine Gynäkomastie), so ist nicht zu verstehen, warum die gleichzeitig angelegte und ausgebildete Keimdrüse (resp. Mamma) der anderen Seite nicht auch heterosexuell wurde, als am gemeinsamen Drehpunkt allen derzeit unfertigen Sexuscharakteren eine gemeinsame Umkehr aufgezwungen wurde.

Die Einseitigkeit der Störung läßt wohl auch eine hormonale Störung als Causa peccans ausschließen, um Halbseitenzwittrigkeit handelt es sich nicht, da die übrigen Sexuscharaktere der gleichen Körperhälfte normal ausgebildet sind. Rein räumliches Mosaikzwittertum, auf Grund eines abnormen Mechanismus der Geschlechtschromosanenverteilung (d. h. ohne Störung der Physiologie der geschlechtlichen Determination [Goldschmidt]), liegt ebenfalls nicht vor, denn die zwittrige Keimdrüse der einen Seite ist kein vollentwickeltes heterosexuelles Einsprengsel, sondern eine unfertig undifferenzierte Gonade, die (beim Schwein und Menschen) zentral unfertiges Hodengewebe und peripher weiter entwickeltes Eierstocksgewebe zu enthalten pflegt.

Auch als asexuell teratologische Störung läßt sich diese Zwittrigkeit nicht auffassen, weil es sich nicht um eine morphotische Abartung schlechthin handelt, sondern um den typischen Fall einer sexuellen Zwischenform.

Das größte Wirkungsfeld, das nach alldem einem im Sinne Goldschmidts geschlechtsbestimmenden Prozesse zugebilligt werden kann, ist also nicht der Gesamtorganismus, sondern jeweils ein einzelner sexueller Organisationskomplex.

Das, was die Spemannsche Schule über die biologische Existenz von Organisationszentrum und Organisatoren höherer Ordnung (bei Tritonarten) experimentell feststellen konnte, berechtigt m. E. schon zu der Arbeitshypothese, daß die Goldschmidtsche Enzymregulation der sexuellen Entwicklung in die Funktion dieser Organisatoren eingreift, deren allgemeine formative Potenz die Fähigkeit mitumfassen dürfte, ihren Organisationskomplex männlich oder weiblich auszugestalten.

Weiterhin stellt sich nun die Frage: Welche von den geschlechtsumstimmenden Faktoren, die bei Lymantria herausgearbeitet werden konnten, kommen nun vermutlich für den Säuger und Menschen in Frage? Für die Beantwortung ist es wichtig, einen grundsätzlichen Unterschied zwischen beiden Organismen zu berücksichtigen: nämlich das Fehlen innersekretorischer Drüsen beim Schmetterling (vgl. Goldschmidt, Harms, Jollos, Spemann), beim Säugetier andererseits das Bestehen eines hochwichtigen hormonalen Regulationsmechanismus. Die Würdigung dieser Verhältnisse läßt es recht unwahrscheinlich erscheinen, daß im Sinne der zweiten Wirkungsart auch beim Säuger die Gesamtentwicklung beeinflußt werden könnte, ohne gleichzeitig und gleichsinnig die Geschlechtsenzymwirkung in den sexuellen Organisationskomplexen zu modifizieren.

Beim Schwammspinner kann man von eigentlichen sexuellen Organisationskomplexen nicht reden, da die Zellen voneinander soweit unabhängig sind, daß jede Zelle dem entspricht, was wir beim Säugetier als sexuellen Organisationskomplex aufgefaßt haben.

Aus der Berücksichtigung der erwähnten Differenz zwischen Schmetterling und Säuger wird andererseits wahrscheinlich, daß die Geschlechtsumstimmung im Sinne der ersten Wirkungsweise — der Valenzverschiebung zwischen den beiden sexuellen Enzymen — beim Säugetier nicht nur durch Erbgutmischung verschieden starker Rassen, wie bei Lymantria, sondern durch Änderung des hormonalen Milieus bewirkt werden könnte (Goldschmidt). Manches innere Sekret, in erster Linie natürlich das der Keimdrüse, dürfte stärkend („Aktivator“ [Goldschmidt]) auf das eine, oder schwächend („Paralysator“ [Goldschmidt]) auf das andere Enzym der beiden Geschlechtschromosome wirken können.

Die innersekretorische Beeinflussung der sexuellen Entwicklung ist in Schema I, wenigstens hinsichtlich der Keimdrüsenhormone, berücksichtigt. An die Differenzierungsperiode der Organisationskomplexe sehen wir sich rechts deren Funktionsstadium anschließen, das horizontal schraffiert ist. Die Keimdrüsen jedoch, die am frühesten ihre Differenzierungsperiode beendet haben, zeigen außer der Schraffur eine lichte Tuschung des Funktionsstadiums. Die Tuschung will auf ihre Produktion innerer Sekrete hinweisen. Zwischen der Funktionsperiode der beiden Keimdrüsen findet sich weiter ein eigenartig begrenztes großes Gebiet, das ebenfalls licht getuscht ist und sich teilweise mit der lichten Tuschung der Differenzierungsbezirke zu dunklerer Tönung überlagert. Dieses Gebiet repräsentiert die Zone hormonaler Beeinflußbarkeit, die sich über den Endteil der Differenzierungsperiode der Organisationskomplexe (abführende Geschlechtswege, äußeres Genitale, Mamma) erstreckt und auch das Funktionsstadium der Brustdrüse mit einbezieht. Daß die Grenze dieser getuschten Zone nach links keine Gerade ist, will besagen, daß die hormonale Beeinflußbarkeit der Organisationskomplexe nicht einfach gleichzeitig beginnt, sobald die Keimdrüsen ausdifferenziert sind und innere Sekrete zu produzieren vermögen. Vielmehr macht die eigenartige Begrenzung der Zone darauf aufmerksam, daß Beginn und Dauer der hormonalen Beeinflußbarkeit von den eigenen besonderen Verhältnissen jedes Organisationskomplexes mitbestimmt sind. Die entscheidende Periode der Enzymkonkurrenz nahe dem Drehpunkt, ist jeweils besonders hormonal beeinflußbar, andererseits reagiert die Mamma sogar im postnatalen Leben noch im Sinne der Geschlechtsumstimmung. Daß die gekreuzte Keimdrüsenverpflanzung usw. bei jungen Tieren geschlechtsumstimmend wirken kann, soweit zur Zeit des Eingriffes noch unfertige Organisationskomplexe im Stadium der Enzymkonkurrenz vorhanden sind, ist aus dem Schema leicht ersichtlich. (Es sei nur nochmals daran erinnert, daß nicht jede Verschiebung des Drehpunktes in der Differenzierungsperiode phänotypische Zwittrigkeit bewirkt, sondern daß dazu die Verlagerung derart sein muß, daß der Drehpunkt zwischen das alloplastische Minimum eines Organisationskomplexes und das epistatische Minimum des Individuums fällt.)

In Übereinstimmung mit dieser Annahme fand K. Sand die intratestikuläre Ovarienverpflanzung im Sinne der Hermaphrodisierung am wirksamsten in der Pubertät. Bei jüngeren Meerschweinchen war ein Erfolg seltener, bei älteren mißlang ihm die geschlechtliche Umstimmung völlig.

T. Minoura verpflanzte u. a. heterologes Keimdrüsengewebe auf die Chorio-allantois-Membran des Hühnereies. Auch er betont, daß man die besten Resultate im Sinne einer Umstimmung der Sexualcharaktere erzielt, wenn man gerade in der Periode aktiver sexueller Differenzierung inplantiert (7. bis 13. Bebrütungstag).

R. Goldschmidt vermutet einen noch engeren Zusammenhang zwischen den Geschlechtschromosom-Enzymen und den Hormonen, als er hier angenommen wurde, indem er erstens den Enzymen während der Differenzierungszeit die Steuerung der „Hormone“ zuschreibt, die ihrerseits unmittelbar formativ tätig sein sollen; und indem er zweitens die geschlechtsspezifischen Hormone für das Endprodukt der Enzymtätigkeit ansieht. Nach der hier vertretenen Auffassung greift die Enzymregulation in die Tätigkeit der Organisatoren ein, d. h. in einen formativen Prozeß bisher unbekannter Wirkungsweise. Deshalb halte ich es trotz aller vermutlichen Analogien nicht für glücklich, diesen Prozeß als einen hormonalen zu bezeichnen.

Daß Goldschmidts Ausweitung des Hormonbegriffes Schwierigkeiten macht, erwähnt bereits Spemann mit Hinweis auf die „intrazellulären“ Hormonsteuerungen, die G. für die geschlechtliche Differenzierung der Schmetterlinge glaubt annehmen zu dürfen. Goldschmidts zweite Annahme, daß die geschlechtsspezifischen Hormone Endprodukte der Enzyme seien, geht über die hier gegebene Hypothese hinaus — ließ sich ihr aber widerspruchslos einfügen.

Zum Zweck klarerer Darstellung war erforderlich, zunächst den obigen Gedankengang zusammenhängend zu entwickeln, der mir auch auf die Ergebnisse der neueren Arbeiten recht gut anwendbar scheint. Nun seien noch einige Veröffentlichungen der letzten Jahre in größter Kürze referiert.

Steinach nimmt übrigens auch an, daß die geschlechtliche Umstimmung der einzelnen Sexualcharaktere deswegen zu verschiedenen Graden des Hermaphroditismus führt, weil die Geschlechtsmerkmale während ihrer Entwicklung vom heterologen Keimdrüsenelement zu verschiedenen Zeiten verschieden stark beeinflußt werden, je nach ihrem eigenen derzeitigen Wachstumsimpuls.

In einer Übersicht über die Literatur 1914 bis 1920 kommt Hans Bab zu einer ganz ähnlichen Beurteilung, wie die hier gegebene, auch er betont die komplexe Abhängigkeit des sexuellen Habitus von dem gesamten endokrinen System — nicht allein von den Keimdrüsen; auch er führt das Zwittertum auf Störungen der Keimanlagen, vielleicht des Energiebestandes der sexuellen Chromosome zurück. Schließlich weist er darauf hin, daß der Geschlechtstrieb zerebral maßgebend beeinflußt wird und nicht im wesentlichen auf das Keimdrüseninterstitium bezogen werden darf.

Ähnlich wirft A. Pézard der Schule Bouin und Ancels vor, sie ignorierten bei ihren Keimdrüsenuntersuchungen die jeweilige Reaktionsfähigkeit des Körpers — auch ihre krankhafte Störung im Sinne endokriner „Dysharmonien". Derselbe Vorwurf könnte gegenüber den Untersuchungen Christian Champys an Rana temporaria erhoben werden, wo er Anstoß nimmt an der verschiedenen Wirkung der Spermiogonien im jungen und erwachsenen Tier (diese Zellen treten als gemeinsames Element im normalen und regenerierten Winterhoden nach partieller Kastration auf, und rufen die Ausbildung der Daumenbrunstschwiele hervor).

Stirnlappenzerstörung bei Hund, Huhn, Taube führt zu Keimdrüseninvolution und Rückbildung der sekundären Geschlechtscharaktere, bei erwachsenen Tieren wurde meist eine vorübergehende, bei jugendlichen dauernde Schädigung beobachtet (V. Desogus).

E. Witschi beschrieb Fälle von „Übergangshermaphroditen" beim Frosch, die durch uterine Überreife der Eier (Hertwig) oder extreme Temperaturen während der Larvenentwicklung so beeinflußt wurden, daß sie Übergänge, und zwar nur in der Richtung vom weiblichen zum männlichen Geschlecht, darstellten. Während sich bei Adulthermaphroditen die Müllerschen Gänge nicht ganz zurückbilden, ist ihr Entwicklungsgrad bei jungen Zwittern ein Kriterium für den Umwandlungstermin der Keimdrüsen.

F. A. E. Crew und H. B. Fell beschreiben acht Hühner und die histologischen Verhältnisse in deren Gonaden. Diese Tiere lassen den Übergang von der eierlegenden Henne zum potenten Hahn Schritt für Schritt verfolgen. Bei Hühnern dürfte nach Crew das weibliche Geschlecht das heterogametische sein. Die Sexualstränge, die vom Zölomepithel ins Eierstockgewebe hineinwachsen, bilden sich dort normalerweise nicht weiter aus. Wenn aber die Bildung und Funktion der Oozyten infolge Hämorrhagien, Tumoren, Tuberkulose und anderem sistiert, fällt die Entwicklungshemmung der Zölomepithelstränge offenbar fort. Diese bilden sich zu mehr oder minder funktionsfähigem Hodengewebe aus, und veranlassen sekundär eine männliche Differenzierung der noch nicht determinierten Differentiae sexuales: die Tiere treten Hennen, bekämpfen Hähne, krähen, bekommen große Sporen. Die typischen Lutealzellen, von denen noch zu sprechen sein wird, fehlten nur in dem einen Falle völliger Maskulinisierung (Tier befruchtet Eier, ist hahnenfedrig usw.).

J. Benoit kastrierte zwei weibliche Kücken (Leghornrasse). Da sich in den nächsten Monaten männliche Merkmale ausbildeten, wurde probelaparatomiert. Man fand hodenähnliche Organe bei einem Tier mit typischen Samenkanälchen und Spermatiden.

Bei einigen Hennen, deren Kastration nicht vollständig gelungen war, beobachtete M. Zawadowsky Ausbildung des rechtsseitigen Ovarienrudimentes, die sich mit psychosexuell männlichem Verhalten und einer Vergrößerung des Kammes kombinierte. Zawadowsky glaubt eine „heterosexuelle Potenz" des Ovariums annehmen zu müssen. Vielleicht handelt es sich sogar um ein Manifestwerden der latenten protandrischen Zwittrigkeit des Eierstocks (vgl. Bujard), wie es F. A. E. Crew bei Hühnern nach verschiedenen Schädigungen der Oozytenbildung fand, was auch histologisch von B. H. Fell bestätigt wurde.

E. Bujard vertritt auf Grund eigener Ovotestisstudien und der Befunde von Winiwater, de Lainmont, Popoff die Annahme, der Eierstock der Säugetiere sei eine Keimdrüse von latenter oder verschieden stark ausgeprägter protandrischer Zwittrigkeit. Die Medullarstränge bleiben als männliches Element bei der Katze atrophisch, sind bei Maulwurf und Hund rudimentär, beim Schwein und Mensch gelegentlich weiter entwickelt — bis zu fötalen Samenkanälchen (Ovotestis). Ähnlich spricht A. Kohn von der bisexuellen Anlage des Eierstocks, dessen Rinde die Follikel enthält, während das Mark als unentwickelter männlicher Anteil aufgefaßt wird.

Auf Grund zahlreicher Scheinzwitteruntersuchungen bei Haustieren hat auch F. A. E. Crew auf die Möglichkeit hingewiesen, daß beim Säugetier analoge Verhältnisse bestehen, wie sie Goldschmidt bei Lymantria fand. Nachtsheim hält die von Crew angeführten Gründe jedoch nicht für stringent.

Als Zwicke (Free Martin) wird das Weibchen zweigeschlechtlicher Zwillinge beim Rind bezeichnet, dessen Geschlechtsorgane vom weiblichen Zustand in einen sterilen männlichen übergegangen sind. Keller, Tandler, Lillie und Willier vermochten in diesen Fällen eine (umbilikale) Blutgefäßanastomose zwischen den Zwillingen nachzuweisen, so daß Lillies Annahme, daß die männlichen Geschlechtshormone den weiblichen Zwilling modifiziert haben könnten, gestützt ist. Einer solchen Stütze entbehrt die andere Auffassung (Magnusson, Halban), die annimmt, die Zwicke komme bei eineiigen männlichen Zwillingen dadurch zustande, daß der eine der Brüder eine kongenitale Hodenmißbildung habe. B. H. Williers histologische Untersuchung von neun postnatalen Zwickengonaden unterstützen Lillies Deutung der sekundär männlich gerichteten Umwandlung einer primär weiblichen Keimdrüse.

F. Prange berichtet über vier Scheinzwitter bei Ziegen, die er als zygotische Intersexe auffaßt. Die Tiere zeigten weibliche äußere Genitalien mit hypertrophischer Klitoris, weiblichem Genitaltraktus, im übrigen männliche Merkmale und Instinkte. Sie besaßen sehr kleine Hoden von histologischem Aussehen der kryptorchen Testikel; weibliche Elemente, auch des Zwischengewebes, wurden nicht gefunden. Durch Verbindung des plazentaren Kreislaufs mit einem männlichen Zwilling, wie bei der Rinderzwicke, konnten die heterologen Merkmale nicht hervorgerufen worden sein, da zwei der Zwitter als ein Zwillingspaar, und der dritte mit einem normalen weiblichen Tier zusammen geworfen wurde. Prange nimmt an, daß die intersexuellen Tiere genetische Männchen sind, deren männliches Chromosom zur Zeit der Keimdrüsendifferenzierung dem weiblichen überlegen war, so daß die Gonaden zu Testikeln determiniert wurden. Dann konnte aber das maskuline Chromosom vom femininen an Wirksamkeit überflügelt werden, so daß die abführenden Geschlechtswege und in verschiedenem Grade das äußere Genitale weiblich ausgeprägt wurde. Ein zweiter Drehpunkt wird dann nur vorgetäuscht durch die spätere Beeinflussung der Klitoris (Hypertrophie), Mammae (unentwickelt), der Behaarung und der sexuellen Instinkte wieder in männlicher Richtung: sie ist aber nicht auf nochmaligen Valenzwechsel der Geschlechtschromosome, sondern auf das Wirksamwerden der Hodenhormone zu beziehen.

Ein höchst instruktiver Fall ist das halbseitenzwittrige Huhn, das M. T. Macklin beschrieb. Auf der rechten Seite des Tieres wurde ein auch histologisch normaler Testikel gefunden, alle Skeletteile waren größer als links, so daß paarig rechts und links angelegte Knochen asymmetrisch waren, auf der linken Seite fand sich eine zwittrige Keimdrüse, die vorwiegend Eierstocksgewebe mit Oozyten enthielt, daneben Einsprengsel mehr oder weniger weit ausgebildeten Hodengewebes. Da trotz des Vorhandenseins heterologer Keimdrüsen kein intersexuelles, sondern ein halbseitenzwittriges Wesen entstand, schließt Macklin, daß beim Huhn die zygotische Konstitution ausschlaggebend sei für die Ausbildung der Differentiae sexuales.

Sie glaubt, daß entweder bei der ersten Furchungsteilung die eine Blastomere den zweiten männchenbestimmenden Faktor verloren hat: (XX) : (X/X), oder daß der Anomalie ein zweikerniges Ei zugrunde liegt, bei dessen Reifungskernteilung (Reduktionsteilung) der eine den X-, der andere den Y-Faktor abgegeben habe. Auf eine dritte Möglichkeit im Sinne der zytologisch nachweisbaren Fälle von „Non disjunction" der Geschlechtschromosome während der Reduktionsteilung bei rot- und weißäugigen Drosophilaformen sei hingewiesen.

Von besonderem Interesse ist Macklins Kasus nun im Vergleich zu Crews Hühnerserie, die zeigte, daß nichtgenetische Umwandlungen in den Keimdrüsen (Oozytenschädigungen verschiedener Art) eine völlige Umwandlung vom intakten Huhn zum potenten Hahn bewirken können (Nachtsheim).

Im Sinne der hier vertretenen Auffassung besteht zwischen beiden Befunden kein Gegensatz. Die Wirkung der Hormone heterologer Gonaden (resp. von Zwitterdrüsen) wird zu intersexuellen Tieren führen, wenn deren geschlechtliche Organisationskomplexe hinsichtlich des Valenzverhältnisses der sexuellen Chromosome gleichsinnig orientiert sind. Wie weit ein Huhn in männlicher Richtung umgewandelt werden kann, ja, ob es zu einem potenten Hahn wird, hängt dann davon ab, wie früh in der Ontogenese des Tieres die Oozytenschädigung sowie die damit verbundene Ausbildung und innere Sekretion des Hodengewebes eingesetzt hat. Anders liegen die Verhältnisse bei dysmitotischen zygotischen Zwittern, bei denen das Kräfteverhältnis der Geschlechtschromosome in verschiedenen sexuellen Organisationskomplexen verschieden ist. (In Macklins Fall unterschiedlich auf der rechten und linken Seite des Huhns.)

Hier kann nur ein Halbseiten- oder Mosaikzwitter zustandekommen, weil die Hormone der Gonaden — mögen das nun normale, heterologe oder Ovotestes sein — auf ein somatisches Substrat einwirken, das von vornherein uneinheitlich orientiert ist, und dessen Teile deshalb auf die gleiche Kombination innerer Sekrete andersartig reagieren müssen. Dies zu betonen ist um so wichtiger, als es den natürlichen vom künstlichen nicht-glandulären Zwitter wesentlich unterscheidet, ganz gleichgültig, ob die „Zwitterung" durch Rassenkreuzung, Eingriffe in die innere Sekretion oder durch Hemmung der Gesamtentwicklung artefiziell herbeigeführt wurde. Der natürliche nicht-glanduläre Hermaphroditismus steht dem künstlichen weniger nahe als den lokalen Mißbildungen, von denen er sich als dysontogenetische Störung innerhalb eines Organsystems nur graduell unterscheidet!

Der hier gegebenen Darstellung scheint ein berechtigter Einwand entgegenzustehen, der sich auf die Verhältnisse der Erhaltung der Geschlechtsmerkmale beim Erwachsenen gründet. Bei der Spätkastration gehen die sekundären Geschlechtsmerkmale sehr stark zurück, oft bis zum infantilen Zustand. Dies vermag durch Transplantation homologen Keimdrüsengewebes hintangehalten zu werden, während Verpflanzung heterologen Keimdrüsengewebes die Involution nicht verhindert (Bucura). Demnach ist die Erhaltung normaler Sexuscharaktere gebunden an eine funktionierende homologe Gonade. Erhalten sich nun beim Scheinzwitter auch heterologe Geschlechtsmerkmale, so scheint die Annahme notwendig, daß auch der „Scheinzwitter" eine gewisse Menge heterologen Keimdrüsengewebes in sich berge, dessen innere Sekrete die heterologen Geschlechtsmerkmale vor der Involution schützen. Dieser Einwand dürfte sich jedoch mit dem Hinweis erledigen, daß die Ausprägung der heterologen Sexuscharaktere bei Scheinzwittern den Merkmalen mehr oder minder spät kastrierter Individuen des anderen Geschlechtes gleicht.

Einige Autoren (Lipschütz, Kolisko, Krediet, Sauerbeck) verweisen auf die Möglichkeit, daß in den Keimdrüsen der sogenannten Scheinzwitter heterologe Keimdrüsenelemente wirksam gewesen sein könnten, die sich vor der Zeit der histologischen Untersuchung aber bereits zurückgebildet hätten. Die Tatsache, daß man Zwitterdrüsen mit verschiedenen Graden der Ausprägung des heterologen Anteils findet, wird wohl nicht ganz mit Recht zur Stütze dieser Anschauung herangezogen. Es ist nämlich wahrscheinlicher, daß der heterologe Anteil der Zwitterdrüse nicht bei seiner hypothetischen Rückbildung, sondern bei seiner Ausbildung auf dem entsprechenden Stadium stehengeblieben ist. Auch der Vergleich mit der Rückbildung der Keimdrüse bei gekreuzter Transplantation scheint mir nicht treffend. Die heterologe Keimdrüse bildet sich in diesem Falle vermutlich zurück, weil sie Homoiotransplantat ist, nicht wegen ihrer geschlechtlichen Andersartigkeit.

Fassen wir das in diesem Abschnitt Gesagte zusammen: Die ungleiche Ausbildung der Differentiae sexuales beim Zwitter beruht auf ihrer Ausbildung in verschiedenen relativ selbständigen Organisationskomplexen, die ihre Differenzierungsarbeit in verschieden langer Zeit und zu verschiedenen Terminen abschließen; die verschiedene alloplastische Minima besitzen; und die voneinander unabhängig krankhaft gestört sein können. Da der Bildungsmechanismus in den sexuellen Organisationskomplexen für beide Geschlechter der gleiche ist und nur ein typischer Unterschied im Entwicklungstempo der beiden sexuellen Enzyme geschlechtsbestimmend wirkt, so können zu geeigneter Zeit innere Sekrete durch Verstärkung oder Schwächung des einen Enzyms indirekt geschlechtsumstimmend wirken, indem sie den Drehpunkt innerhalb einer normal langen sexuellen Ausbildungsperiode (zwischen das alloplastische und epistatische Minimum) verschieben. Eine operative „Hermaphrodisierung" ist möglich, weil ein Teil der sexuellen Organisationskomplexe beim Einsetzen der hormonalen Störung die Differenzierungsarbeit schon abgeschlossen hat und in das hormonrefraktäre Stadium getreten ist, während sich andere, meist weniger sexuell spezifizierte, noch postnatal in dem beeinflußbaren Stadium der Enzymkonkurrenz befinden. Das innere Sekret der Keimdrüsen ist besonders, aber nicht allein, für die hormonale Geschlechtsbeeinflussung wichtig (Bandler, H. Fischer [Skelettvarietäten], A. Furno [Eunuchoidismus], A. Gigon, K. M. Walker [Einfluß auf ihr Wachstum, weniger auf ihre Entstehung], A. Weil). Die Ausbildung der Geschlechtscharaktere ist des weiteren nicht allein von der innersekretorischen Beeinflussung abhängig, sondern in erster Linie von der Beschaffenheit der übernommenen Geschlechtschromosome, d. h. von der Mitgift an sexuellen Enzymen.

Die Übertragung der theoretischen Ergebnisse von Goldschmidt und Spemann auf das Zwittertum beim Säugetier und Menschen führt zum folgenden Versuch einer formalgenetischen Einteilung des Hermaphroditismus (natürlich ohne Berücksichtigung von asexuell teratologischen Veränderungen an den Sexuscharakteren).

Formalgenetische Einteilung des Hermaphroditismus.

A. Dysidiogenetischer Hermaphroditismus.

a) Er beruht auf einer Störung des sexuellen Chromosomenapparates.

1. Frühstörung: Betraf diese Störung das sexuelle Erbgut bereits vor der Determinationsperiode, d. h. vor seiner Verteilung auf die sexuellen Organisationskomplexe, so wird sich das krankhafte Kräfteverhältnis zwischen den Chromosomenenzymen nach der Determination in allen Organisationskomplexen wiederfinden.
2. Spätstörung: Trat die Störung dagegen erst in der Determinationsperiode ein, i. e. bei der Verteilung des sexuellen Erbgutes auf die Organisationskomplexe — oder noch später, so können die einzelnen Organisationskomplexe unabhängig voneinander heterosexuell gerichtet werden.

b) Kennzeichnend für das dysidiogenetische Zwittertum ist das ein- oder beidseitige Auftreten mehr oder auch minder ausdifferenzierter heterosexueller Geschlechtsmerkmale, ohne daß andere Organe der gleichen Körperregion resp. der gleichen Körperhälfte an der dysontogenetischen Störung beteiligt wären.

c) Beispiele: Hierher dürfte die große Mehrzahl der Zwitterfälle (beim Säugetier und Menschen) gehören. (Unilateraler Hermaphroditismus scheint z. B. kaum anders erklärbar.) Experimentell: Genetische Schwammspinnerinteresse, entstanden durch Kreuzung verschieden starker Rassen (Goldschmidt).

B. Dysmitotischer Hermaphroditismus.

a) Hier kommt es bei der ersten Zellteilung des befruchteten Eies (vielleicht auch in späteren Perioden) zu einer abnormen Verteilung der Chromosomen.

b) Kennzeichnend für das dysmitotische Zwittertum ist das Auftreten völlig oder nahezu völlig ausdifferenzierter heterosexueller Geschlechtsmerkmale in einer Umgebung, die in den Grenzen einer Körperregion resp. Körperhälfte ebenfalls dysontogenetisch verändert ist.

c) Beispiele: Halbseiten- und Mosaikzwitter.

C. Dyshormonal bedingter Hermaphroditismus.

a) Durch eine krankhafte Änderung des hormonalen Milieus wird das Kräfteverhältnis der beiden an sich normalen Sexualchromosomenenzyme zugunsten des heterologen Geschlechts verschoben.

b) Kennzeichnend für das dyshormonale Zwittertum ist seine Beschränkung auf Geschlechtsmerkmale, deren Entwicklung beim Eintritt der endokrinen Störung noch nicht abgeschlossen war, sowie die stärkere Umstimmung der sich spät differenzierenden Organe, und die Gleichmäßigkeit, mit der gleichzeitig sich entwickelnde, paarig angelegte Geschlechtsmerkmale im Sinne der Intersexualität verändert werden.

c) Beispiel: Experimentell: Durch Implantation, gekreuzte Transplantation usw. hervorgerufene Zwitter. Krankhaft: Vielleicht gewisse Erscheinungen an männlichen Neugeborenen, beim hypophysären Fettwuchs, bei Virilismus infolge Nebennierentumor. Bemerkt sei, daß hierher auch die beim Huhn beobachteten Folgen der Ausbildung von Hodengewebe in einem frühzeitig schwer geschädigten Ovar gehören, d. h. die Wirkungen eines erworbenen Ovariotestis.

D. Dysplastischer Hermaphroditismus.

a) Hier verhalten sich die Geschlechtschromosomenenzyme durchaus normal, der Drehpunkt wird zum planmäßigen Termin erreicht. Da sich aber mit der Hinausschiebung des Differenzierungsabschlusses in allen Organisationskomplexen eine entsprechende Verlagerung des epistatischen und des alloplastischen Minimums verbindet, fallen die fixen Drehpunkte je nach dem früher oder später liegenden alloplastischen Minimum ihres Organisationskomplexes in die Periode latenter oder phänotypischer Intersexualität.

b) Kennzeichnend für das dysplastische Zwittertum ist der Parallelismus zwischen der Stärke der Zwittrigkeit und der Verlangsamung der Gesamtentwicklung. Im übrigen gleicht das Bild dem unter A. skizzierten.

c) Exp. Beispiel: Nichtgenetische Schwammspinnerintersexe, die durch Retardierung der Gesamtentwicklung (bei Abkühlung auf 8—9° C) erzielt wurden (R. Goldschmidt).

Welche der vier Arten von Hermaphroditismus nun auch vorliege, stets hängt der Effekt der Valenzverschiebung von zwei Faktoren ab:

Erstens, vom Zeitpunkt der Einwirkung — ausdifferenzierte Organe sind nicht mehr umstimmbar; — während der stärksten aktiven Differenzierung ist eine geschlechtsumstimmende Störung am wirksamsten.

Zweitens, von der Stärke der Einwirkung — je stärker der männliche oder weibliche Charakter einer Organanlage betont ist (Beispiel: Keimdrüse geschlechtsspezifischer als Mamma), eine desto stärkere Valenzverschiebung und desto längere Wirkungszeit sind erforderlich, um sie mehr oder weniger heterosexuell zu machen.

Es resultieren mit steigender Wirksamkeit der obengenannten zwei Faktoren:

1. latente (genotypische) Intersexualität,
2. phänotypische Intersexualität und
3. Heterosexualität des jeweils betroffenen Organisationskomplexes.

Auf anderen Gedankengängen baut sich die neuerlich (Juni 1924) von A. Greil veröffentlichte Theorie der Entstehung krankhafter Zwittrigkeit auf. Er hält die allgemeinen, und vor allem lokalen Ernährungsbedingungen im sich entwickelnden Organismus für den primären Faktor, von dem das Eintreten „differentieller Mitosen“ abhängt. Da die Differenzierung der Gewebe nun auf dem Wege differentieller Mitosen zustande kommt, glaubt Greil die Annahme determinierender Chromosomenenzyme oder spezifischer formativer Hormone entbehren zu können. Er sagt (p. 153): „.... jede einzelne differentielle Mitose, jede heterometrische Zellteilung, die Sonderung der Ureier und Epithelzellen, wie die .... sexualspezifische Unterschiede schaffenden Teilungen der Oogonien und Oozyten, werden vom Nutzstoffangebot .... bestimmt, sind ganz und gar von der Leistungsfähigkeit .... im maternfötalen Reaktionssysteme abhängig.“ Fruchtbar scheint Greils Hinweis auf die Beeinflussung der Organogenese durch lokale Ernährungsbedingungen. Hier liegen noch manche wichtigen Aufgaben. Die Dignität dieser Beeinflussung wird aber von Greil meines Erachtens erheblich überschätzt. Theoretisch erscheint erstens unverständlich, wie quantitative Schwankungen im „Nutzstoffangebot“ eine qualitative Sonderung hervorrufen können, wie sie in der Determinierung und Differenzierung des Organismus zweifellos vorliegt, wenn den Nutzstoffen weder spezifische formative Hormone beigemischt sein sollen, noch irgendeine Prädisposition des Zellsubstrates angenommen wird. Zweitens bliebe dann noch zu beantworten, welche Steuerung des Nutzstoffangebotes verantwortlich sein kann für die Regelmäßigkeit, mit der die Entwicklung der Organismen vor sich zu gehen pflegt. Sachlich scheint z. B. mit Greils Ansicht die Tatsache kaum vereinbar, daß sich embryonale Gewebe (Nerven, Drüsen, Herz u. a.), in vitro gezüchtet im „homogenen“ Nährsubstrat, trotzdem weiter differenzieren können, also ohne lokale Unterschiede des Nutzstoffangebotes. Wahrscheinlicher erscheint, daß die Ausbildung der zirkulatorischen Verhältnisse im Organismus weitgehend abhängt von dem Anspruch, den die Organanlagen hinsichtlich der Qualität und Quantität des Nahrungsstromes stellen. Zutreffend und beachtenswert erscheint es, daß eine Störung des Ausgleichs zwischen Nahrungsangebot und -nachfrage ihren Ausdruck auch in einer Differenzierungsanomalie finden kann, nicht nur in Hyper- oder Hypotrophie bzw. -plasie.

Nachdem wir versucht haben, die Bedeutung der Keimdrüsen für die geschlechtsspezifische Entwicklung des Organismus abzugrenzen, wenden wir uns an zweiter Stelle der Frage nach der

Funktion des Zwischengewebes in den Keimdrüsen

zu. Trotzdem seit vielen Jahren diese Frage eine ganz besondere Anteilnahme gefunden hat, lassen die zahllosen einschlägigen Untersuchungen eindeutige oder gar abschließende Ergebnisse noch durchaus vermissen. Das langsame Vorwärtskommen auf diesem Gebiet liegt wohl nicht allein in der Schwierigkeit der Materie begründet, sondern auch darin, daß unsere Fragestellungen zum Teil auf wenig glückliche Voraussetzungen gegründet sein dürften. So stand unter dem Eindruck der S t e i n a c h schen Antizipation für viele seiner Anhänger und Gegner nicht die Funktion des Zwischengewebes schlechthin im Mittelpunkt des Interesses, sondern sein Einfluß auf die Ausbildung und Erhaltung der sekundären Sexuscharaktere. Wir sahen oben, wie vielfältige und komplexe Bedingungen für das Entstehen der Differentiae sexuales verantwortlich sein müssen. So ist es einleuchtend, welche Mißdeutungen möglich sind, wenn die Modifikation der sexuellen Entwicklung grundsätzlich als spezifischer Indikator für die Funktion des generativen oder interstitiellen Keimdrüsengewebes gewertet wird. Aber auch die Arbeiten, die in erster Linie die Beziehungen zwischen interstitiellem und generativem Gewebe in den Gonaden zu klären wünschten, zeigen in ihren Voraussetzungen, wie weit wir im allgemeinen noch von einem s p e z i e l l e n Verständnis dieser Beziehungen entfernt sind. Der Eigenart der Verhältnisse in den Keimdrüsen wird offensichtlich nur wenig Rechnung getragen, wenn man z. B. eine trophische (P l a t o), resorbierende (B e r b l i n g e r, T i e d j e), entgiftende (K i t a h a r a, V o i n o v), synergetische (K y r l e, L e u p o l d, S i m m o n d s, T i e d j e), oder eine für den generativen Anteil belanglose Funktion (K o c h) des Zwischengewebes in Betracht zieht. Eine dem Keimdrüsenzwischengewebe eigentümliche Funktion konnte bisher nur bei Hühnern einigermaßen wahrscheinlich gemacht werden. Bei der Sebright- und Bantamrasse sind normalerweise die Hähne hennenfedrig, bei der Campinerasse gibt es sowohl hennenfedrige wie hahnenfedrige Hähne. Die Kastration von Sebrighthennen (G o o d a l e) und von Sebrighthähnen (Th. M o r g a n) führt bei der nächsten Mauser zu einem Gefieder, das völlig dem normaler Hähne der Hühnerrassen gleicht. Th. M o r g a n züchtete eine homozygote hennenfedrige Campinehahnrasse. Kastrierte er diese Tiere, so zeigten sie neben der üblichen Kastrationsatrophie des Kammes und Bartes die Entwicklung eines Gefieders, das mit dem der hahnenfedrigen Campinehähne völlig identisch wurde.

Bei älteren hennenfedrigen Hähnen, bei denen die Kastration schwierig ist, wurden Ligaturen angelegt. Die Unterbindung bewirkte Umstimmung des Gefieders, etwa entsprechend der Größe des Hodenrestes, bis zur vollen Hahnenfedrigkeit.

Die histologische Untersuchung brachte dies auch von anderen beobachtete Verhalten dem Verständnis näher (J. B e n o i t, P é z a r d, S a n d - C a r i d r o i t, S h a t t o c k, M. Z a w a d o w s k y).

Pézard verweist auf eine irrtümliche Deutung J. Benoits und betont, daß nach Zawadowskys und seinen Beobachtungen das männliche Vogelgefieder vom Testikel unabhängig sei.

A. Pézard, Knud Sand und F. Caridroit haben bei jungen Hähnen (Leghornrasse), die in der Herbstmauser männliches Gefieder hätten bekommen sollen, durch Eierstocküberpflanzung Hennengefieder (bei der nächsten Mauser) hervorgerufen. Einem Hahn wurden die geschlechtscharakteristischen Rücken- und Schwanzfedern einer Seite gerupft, dann ein Ovar implantiert. Die innerhalb 6 Wochen nachwachsenden Federn glichen dem weiblichen Typ. Kastrierten sie andererseits Hennen und rupften sie am Tag darauf an Kehle, Hals, Lende, Bürzel, so zeigte das nach 14 Tagen ersetzte Gefieder männlichen Typus. Wenn beim Rupfen der kastrierten Hennen nur die größeren Federn entfernt wurden, so zeigten die geschonten jungen Federbüschel in kurzer Zeit ein intersexuelles Aussehen, das uns an das Mosaik des intersexuellen Schwammspinnerflügels erinnert: die proximale Hälfte, die vor der Operation entstanden war, behielt ihre weibliche Ausprägung bis zu einer scharfen transversalen Grenze bei, der distale, post op. gewachsene Federteil hatte männlichen Charakter angenommen. Auch die Verpflanzung eines Ovars in einen kastrierten und einen potenten Hahn, die einer anderen Rasse angehörten, bewirkte Hennenfedrigkeit und Pigmentveränderungen. Die Folgerung der Autoren, daß nach alledem auch das Halbseitenzwittertum hormonal von den Keimdrüsen abhängen könne, war an sich nicht zwingend, und wird durch Morgans Befunde m. E. noch unwahrscheinlicher.

M. Zawadowsky beobachtete bei intakten Hähnen, denen er Ovar eingepflanzt hatte, Umwandlung des männlichen Gefieders in ein weibliches. Dies erschien um so erstaunlicher, als umgekehrt die Verpflanzung von Hoden in unkastrierte Weibchen wirkungslos geblieben war. Lipschütz versuchte die Verschiedenheit des Erfolges auf quantitative Unterschiede zurückzuführen. Vielleicht klären die Morganschen Befunde das beobachtete Verhalten in anderer Art auf. Auch ein zweiter Versuch Zawadowskys, den er nicht recht zu deuten wußte, bestätigt anscheinend Morgans Ergebnisse. Er kreuzte nämlich den schwarzen Longchamphahn mit der grauen Plymouthrockhenne und kastrierte die F_2-Generation, die aus grauen Hähnchen und schwarzen Hühnchen bestand. Da sich nun ergab, daß die grauen Hähne ihr Plymouthrockgefieder behielten, während die Hennen das Longchamphahngefieder annahmen, glaubte sich Zawadowsky entgegen seiner eigenen Theorie zu der Annahme gezwungen, das Soma von Bruder und Schwester sei nicht äquipotentiell. Die Entfernung des lutealzellhaltigen Keimdrüseninterstitiums bei der Kastration der Hühnchen würde die Befunde im Sinne Morgans relativ einfach erklären.

Morgan fand: Bei den Kücken beiderlei Geschlechts, bei Hennen und den hennenfedrigen Hähnen der Sebright- und Campinerasse findet sich ein „lutealzellen"haltiges Zwischengewebe in den Keimdrüsen, das sich in den gewöhnlichen Rassen beim Männchen bis zur Geschlechtsreife fast ganz zurückbildet, bei den Hennen und hennenfedrigen Hähnen der Sebright- und Campinerasse aber voll entwickelt bleibt. Morgan (und Boring [zit.]) nehmen nach den beschriebenen Versuchsergebnissen an, daß dieses lutealzellhaltige Interstitium ein inneres Sekret liefert, das die weitere Entwicklung des Gefieders vom Hennen- zum Hahnentyp verhindert (ähnlich C. G. Hartman und G. Hamilton [beim wahren Hermaphroditismus]), ohne auf andere Geschlechtsmerkmale einzuwirken. Überall, wo das lutealzellige Interstitium durch physiologischen Schwund oder Entfernung der gesamten Keimdrüse ausgeschaltet wird, bringt die nächste Mauser die volle Gefiederausbildung zur Hahnenfedrigkeit zum Vorschein. Wie weit das lutealzellige Interstitium der Hühnergonaden mit dem Keimdrüseninterstitium beim Säuger, und dieses wieder mit dem beim Menschen verglichen werden darf, bleibt freilich bezüglich dieser wie anderer experimenteller Arbeiten eine offene Frage. Lassen wir dies auf sich beruhen, so weisen die Ergebnisse Morgans und Borings, wenn sie richtig sind, darauf hin, daß die Interstitialzellen erstens einen Einfluß auf die Qualität des Keimdrüsenhormones haben, zweitens ein körperliches Merkmal von anscheinender Geschlechtsspezifität beeinflussen, drittens ohne entscheidende Bedeutung sind für andere Sexualcharaktere, die offenbar mit dem generativen Keimdrüsenanteil in näherer Beziehung stehen.

Es wäre sehr wichtig, Morgans histologische Befunde weiter nachzuprüfen, da Peace, H. B. Fell und H. B. Yocom dieser Deutung des histologischen Befundes nicht zustimmen. Peace beobachtete Lutealzellen bei normalen Hähnen, deren Spermatogenese noch nicht, oder kaum erst begonnen hatte, und auch dann, wenn die Samenbildung sistierte. H. B. Fell glaubt, daß die Lutealzellen sich von den medullären Sexualsträngen im Ovar ableiten, und noch beim jungen Hühnchen aus epithelialen Zellen durch fettige Infiltration entstehen können; ähnlich Benoit, Nonidez, Soisel für Hahn, Taube, Sperling. Wegen dieser Herkunft und ihres Verhaltens glaubt er nicht an ihre innere Sekretion im Sinne Borings und Morgans. Er vermutet, daß die Hennenfedrigkeit auf einem bestimmten hohen Blutcholesterinspiegel beruhen könnte, in Analogie zu den Verhältnissen bei dem Krebs Inachus und der Sacculina.

H. B. Yocoms Lutealzellen in der Follikeltheka eines Sumpfvogels (Phalaropus lobatus), die ohne Einfluß auf das Brunstgefieder sein sollen, sind vermutlich mit Morgans Zwischenzellen gar nicht vergleichbar.

Es ist hervorzuheben, daß Morgans Befunde keinerlei Anlaß zu der Annahme geben, daß die Lutealzellen des Huhnes und hennenfedrigen Hahnes autonom, insbesondere unabhängig vom Keimepithel, ein inneres Sekret produzieren könnten. Morgans Befunde bilden keinen Widerspruch, sondern eine höchst beachtliche Ergänzung gegenüber den von anderen Autoren gemachten Beobachtungen. Die Möglichkeit, daß auch die Hahnen- und Hennenfedrigkeit von einem differenten Verhalten des Keimepithels abhängt, und daß die beobachtete Interstitialreaktion nur eine belanglose Nebenerscheinung darstellt, ist zuzugeben. Faßt man aber die Existenz der Lutealzellen nur als einen Indikator des Keimepithelverhaltens auf, so bleibt man zunächst den Nachweis solcher Veränderungen im epithelialen Keimdrüsengewebe schuldig.

Vor der Besprechung der anderen, vielleicht ebensowenig eindeutigen Ergebnisse, mögen einige Befunde erwähnt werden, die für deren kritische Bewertung wichtig sind.

N. Takahashi fand nach einseitiger Exstirpation des abdominalen Grenzstranges (vom zweiten Lumbal- bis einschließlich zweiten Sakralwirbel) ausgesprochene gleichseitige Hodenatrophie (histologisch, sowie bezüglich Größe und Gewicht untersucht), während alle anderen Organe (Ovarien, Nebenniere, Hinterbein, Arterien) der operierten Seite intakt erschienen.

Nach Verlassen der Pflügerschen Theorie, die den Follikelsprung im Eierstock von nervösen Regulationen abhängig glaubte, hat die Lehre von den hormonalen Einflüssen im Ovar von einer Bewertung der eigentümlichen Nervenverteilung ganz abgelenkt. Y. Akagi hat 1921 nochmals den Befund Wallarts bestätigt, daß im Gegensatz zum Corpus luteum spurium und verum in den atretischen Follikeln, der sogenannten Interstitiellen Drüse ein außerordentlich reiches Nervengeflecht vorkommt. Ziemlich reich ist auch das Ovarialstroma an Nerven, die zur glatten Muskulatur, zu Gefäßen und Stromazellen ziehen. Ob solche zwischen das Follikelepithel eindringen, war mit Sicherheit nicht zu sagen. Vorläufig läßt sich aus diesem Befund nur folgern, daß bei der Transplantation auftretende Wirkungen mit nervöser Regulation nichts zu tun haben, daß andererseits aber auch bei autoplastischer Verpflanzung die gesetzte Veränderung der Verhältnisse nicht unterschätzt werden darf.

Hinsichtlich der hormonalen Wirksamkeit des Testikels fand Pézard zuerst beim Haushahn (er konnte später die Gültigkeit auch für Säugetiere wahrscheinlich machen) erstens, daß ein minimaler Bruchteil des Hodengewebes (0,5 g beim Hahn) genügt, um die Kastrationserscheinungen an den sekundären Geschlechtsmerkmalen zu verhüten; zweitens, daß das wirksame Minimum an Hodengewebe den gleichen Effekt erzielt, wie die normale Testikelmasse (soweit nicht andere komplizierende Eingriffe, wie die intrarenale Ovarialtransplantation [Lipschütz] angeschlossen werden); und drittens, daß die Latenszeit nach Transplantation besonders kleiner Keimdrüsenfragmente in Kastrate (in der vorübergehende Ausfallserscheinungen zu beobachten sind) nur von der Zeit abhängt, die der Hodenrest braucht, um die wirksame Minimalmenge wieder zu erreichen, oder von operativen Schädigungen (Lipschütz).

Beim jugendlichen Meerschweinchen genügt $^1/_{140}$ der normalen Testikelmenge (Lipschütz). Nach anderer Angabe 1 Proz. (Lipschütz, Ottow und Wagner), nach einer weiteren Angabe 1—3 Proz., bei der weißen Maus 1 : 400 (Lipschütz, Wagner, Kropmann).

Bei jungen Meerschweinchen und Kaninchen genügt nach Lipschütz $^1/_{16}$ des normalen Hodens zur Ausbildung der sekundären Geschlechtsmerkmale, doch scheint die Schnelligkeit der Entwicklung nach Partialkastration der Hormonmenge parallel zu gehen (Lipschütz und Krause). Das Zwischengewebe ist relativ weniger dezimiert.

Die Mengenangaben beziehen sich nicht auf den Operations-, sondern den Nachuntersuchungsbefund (Lipschütz, Wagner, Kropmann), so daß die Regeneration, die beim Hoden freilich fast ganz ausbleibt, nicht zu Täuschungen führen konnte.

Hodenreste hypertrophieren nach Untersuchungen von Lipschütz, Wagner, Tamm deshalb nicht, weil nur schon vorgebildete Samenkanälchen im jugendlichen Tier vollends ausgebildet und gefüllt werden. Eine Hypertrophie wird nur durch die raschere Entwicklung aller verbliebenen Samenkanälchen vorgetäuscht. Deshalb und weil sie zur vollen Funktion unnötig sei, glaubt Lipschütz, daß diese „Hypertrophie" nicht als kompensatorisch zu gelten hat. Ein Parallelismus zwischen der Entwicklung der Hoden und der Geschlechtsmerkmale tritt dabei insofern zutage, als beschleunigte Testikelausbildung frühere Ausprägung der Differentiae sexuales nach sich zieht. Ovarialreste verhalten sich ganz anders wie von Carl Michael und Marshall 1908 bereits angegeben wurde, denn diese verdoppeln sich innerhalb von 6 Monaten und wachsen durch Ausbildung eines überplanmäßig großen Bruchteiles ihrer Primordialfollikel bis zur normalen Größe (Lipschütz und seine Mitarbeiter).

Noch 6 Wochen nach hochgradiger partieller Kastration hatte sich der Hodenrest kaum vergrößert, so daß der Einwand, bei diesen Versuchen sei das potentielle Volumen erheblich größer als der bei der Operation belassene Drüsenrest von den Experimentatoren (Lipschütz, Wagner und Kropmann) für widerlegt gehalten wird.

Lipschütz berichtet von einem Kaninchen, 18 Monate nach nicht völlig gelungener Kastration. Die Autopsie ergibt wohl ausgebildeten Uterus und zwei ziemlich schwere Ovarfragmente, in denen histologisch je zwei bis fünf Ovula gegen 130 im Kontrolltier gefunden werden, während ihre Hauptmasse aus interstitiellem Gewebe besteht. Die wenigen bei der Operation zurückgebliebenen Ovula sollen sich in Follikel, letztere durch Atresie, in „Interstitielle Drüsen“ umgewandelt haben. Dieser Befund läßt Lipschütz annehmen, daß die Ovarialinkretion nicht nur von den Follikeln abhängt, sondern unter Mitwirkung der Thekalutheinzellen zustande kommt.

Das Kastratentum, der Eunuchoidismus und die Verlangsamung der sexuellen Entwicklung, wie sie auch experimentell bei Kaninchen und Meerschweinchen durch partielle Kastration oder Einschnitte in Hoden und Nebenhoden erzielt wurden, kommt nach Lipschütz, Ottow, Wagner und Bormann nicht durch die quantitative Unzulänglichkeit des Hodenhormones allein zustande, sondern durch seine qualitative Veränderung infolge Schwund, Entartung des Hodenrestes oder Stehenbleiben der Testikel auf infantiler Entwicklungsstufe.

Da einige partiellkastrierte und deferentektomierte Kaninchen somatische Totalkastraten blieben, obwohl ihr Hodenrest jugendliche Samenbildungszellen und Sertolizellen (infantiler Status) enthielt, glauben Lipschütz, Ottow und Wagner, daß diese gefundenen Zellen im Hoden für die Hormonbildung nicht ausreichen. Mir scheint fraglich, ob nicht infolge Species- und individuellen Abweichungen die wirksame Minimalmenge des Hodenrestes unterschritten worden ist.

Daß Pézard im Hinblick auf diese quantitativen Verhältnisse von „Loi du tout ou rien ou de constance fonctionelle“ der Hodeninkretion sprach, scheint heute nicht mehr ganz berechtigt. Wird nämlich beim Meerschweinchenmännchen nach Semikastration ein Ovar in die Niere verpflanzt, so hypertrophieren die Mammae und sezernieren Kolostrum und Milch, ähnlich wie bei einer Puerpera; während Eierstocksverpflanzung ohne jede Hodenschädigung resp. Vernichtung der Spermiogenese unwirksam ist (Lipschütz). Lipschütz nimmt an, daß eine genügende Menge Hodeninkret das Brustdrüsengewebe für das Hormon des transplantierten Ovars unempfindlich macht, zumal nachträgliche partielle Hodenschädigung (vor allem infolge Aufhebung der Spermiogenese), der „Entriegelungsversuch“, den Eierstock wirksam werden läßt. Diese Auffassung gründet sich auf mehrere Arbeiten über die quantitativen und qualitativen Bedingungen der Keimdrüseninkretion, die von Lipschütz gemeinsam mit W. Krause, H. E. v. Voß, F. Lange, M. Tiitso und H. Perll ausgeführt wurden. Mit dieser Deutung nähert sich Lipschütz m. E. der Auffassung, die hier entwickelt wurde, daß nämlich eine Änderung der hormonalen Situation (in der die Keimdrüsen eine besonders wichtige Stellung einnehmen) den Ausbildungsgrad eines Organes in geschlechtsumstimmender Weise fördern oder verzögern kann, wenn dieses Organ sich in einem empfänglichen Zustand befindet. Die Differenz zwischen der von Lipschütz und der hier vertretenen Auffassung liegt wohl vor allem darin, daß Lipschütz für die Sensibilisierung offenbar nur wieder Keimdrüsenhormone in Betracht zieht, während ich auf die Veränderungen der Reaktionsfähigkeit besonderen Wert lege, die in Verfolg der relativ eigengesetzlichen Organisationskomplexdifferenzierung wirksam werden.

Mit dieser Theorie allein ist allerdings schwer erklärlich, daß auch die Transplantation einer homologen Gonade in einen Kastraten weitaus besser gelingt, als in einen intakten Empfänger. Daß diese Versuche auch am erwachsenen Männchen gelangen, erklärt sich wohl aus dem Umstande, daß die Brustdrüsen in ihrer prospektiven Potenz weder fest an das weibliche Geschlecht im Sinne der Goldschmidtschen Enzymtheorie, noch fest an eine besondere Entwicklungsperiode des Gesamtorganismus gebunden zu sein scheinen (wie bereits erwähnte Befunde zeigen).

Jedenfalls ergibt sich aus den Befunden von Pézard und Lipschütz, daß es nicht erlaubt ist, erstens einen Parallelismus zwischen Menge und Wirksamkeit des Hodengewebes anzunehmen; zweitens von der funktionellen Ausschaltung des generativen oder interstitiellen Anteiles im Hoden zu sprechen, soweit nicht die Anwesenheit auch nur minimaler Mengen ausgeschlossen werden konnte.

Noch einige Hinweise auf minder wichtige und in ihrer Bedeutung weniger gesicherte Fehlerquellen seien erwähnt.

Stieve betont, daß im atrophierenden Hodengewebe generative Zellen den Kanälchenwand- und Stützzellen so ähnlich werden können, daß Verwechselungen möglich sind. M. Aron kommt nach Untersuchungen am embryonalen Schwein- und Schafhoden zu der Ansicht, das embryonale Interstitium (bei Embryonen von 18—140 mm) sei nicht identisch mit dem späteren postnatalen, welches zur Zeit der Spermatogenese optimal ausgebildet ist (ebenso Bouin und Ancel). Cĕjka hält die Zwischenzellen des erwachsenen und seneszenten Hodens für histogenetisch, morphologisch und demgemäß funktionell verschieden von denen im embryonalen Hoden. Die ersteren seien lymphoide Zellen, im Sinne der Polyplasten Maximows, die nicht aus Fibroblasten, sondern aus ruhenden oder präexistenten Wanderzellen (Klasmatozyten Ranviers resp. histiogene Lymphozyten), sogar aus lymphozytären Zellen entstehen sollen, die sich erst im Testikel angeblich zu phagozytierenden Pyrrolzellen umwandeln sollen (? Verf.).

Salazar unterscheidet im Ovar die Lipoidspeicherung in Thekazellen und interstitiellen Zellen. In letzteren scheint sie eine Alterserscheinung zu sein. Zur Unterscheidung der Zellart verwendet er die Färbbarkeit des Chondrioms der interstitiellen Zellen mit der Tannineisenmethode, während sich das Chondriom der Thekazellen trotz gleicher Vorbehandlung nur mit Eisenlack tingiert.

M. Zalla tritt für eine verschiedene Funktion der Markstromazellen und Luteinzellen ein, weil diese Zellen in vier (!) untersuchten Kaninchen bei Färbung mit Sudan III Nilblausulfat und Ciaccios Methode usw. auffällige mikrochemische Unterschiede gezeigt haben sollen.

T. Takamori konnte mittels intravitaler Lithionkarminfärbung im Kaninchen Histiozyten, die gröbere Farbgranula speicherten, von anderen Zwischenzellen unterscheiden, die rund bis polygonal und protaplasmareich sind, sich schwer speichern lassen und nur feinste Farbgranula enthalten. Das Kanälchenepithel speichert nicht.

T. Takamoris Befund scheint objektiv mit dem Karl Wagners übereinzustimmen, der ebenfalls einesteils stark speichernde chromophile, chondriosomenreiche Zwischenzellen und andererseits größere, nicht speichernde, chromophobe, chondriosomenarme Zellen beobachtete. K. Wagner hält die zweite Zwischenzellart für die Altersform der erstbeschriebenen jugendlichen Interstitialzellen.

A. Greil unterscheidet sehr aktive, frühzeitig auftretende Zwischenzellen keimepithelialer Herkunft im Hoden, die „sexualspezifisch" sein sollen, und andere weniger reaktionsfähige bindegewebige Zwischenzellen, die er vom Sklerotom ableitet.

J. de Vrieze betont, man müsse die physiologische Vermehrung der Keimdrüsenzwischenzellen während der Pubertät unterscheiden von ihrer Reaktion auf Schädigungen durch Krankheit und Alter.

Cl. Regaud fand histologisch im Hoden stets Kanälchenabschnitte mit lebhafter, neben anderen mit seltener Zellteilung. Er schließt daraus, daß die Spermiogenese wellenförmig über das generative Gewebe auch des menschlichen Testikels läuft (also grundsätzlich ähnlich dem Vorgang bei Tieren mit Brunstzyklus, wie er besonders gut bei Urodelen verfolgbar ist [Humphrey]). Im Einklang damit fand er, daß man zur Erzeugung von Aspermiogenese durch Röntgenstrahlen mit einer unterschwelligen Bestrahlungssumme auskommt, wenn man diese auf eine längere Kur verteilt, weil die jeweils sich teilenden Zellen infolge ihrer erhöhten Empfindlichkeit leichter geschädigt werden.

Salazar bemängelt, daß experimentelle Arbeiten beim Kaninchen nicht berücksichtigen, daß dessen Ovar (nach ihm) verschiedene Typen zu sondern gestattet (ovigener, follikulärer, atretischer, interstitieller Typ), deren Funktion vielleicht verschieden bewertet werden müßte.

P. Masson und L. Berger glauben u. a. im Hoden eine Zellwanderung in die Nerven hinein beobachtet zu haben und schließen aus ihren Befunden, daß Drüsen mit innerer Sekretion nicht nur in die Blut- und Lymphbahn, sondern auch in die nervösen Bahnen Hormone übertreten lassen können.

Den kritischen Forderungen, die im Anschluß an Pézards sogenanntes „Alles- oder Nichtsgesetz“ erhoben wurden, werden m. W. auch die neueren Arbeiten nicht gerecht, die über die angeblich gelungene Trennung des generativen und interstitiellen Keimdrüsengewebes mit ihren Folgen berichten (ebenso Stieve 1921, W. Harms 1922, A. Pézard 1923). Es sei deshalb nur erwähnt, daß die isolierte Schädigung der Keimzellen durch verschiedengradige partielle Kastration (Lipschütz, Ottow und Wagner u. a.), durch Einschnitte in den Hoden, die auch den Nebenhoden verletzen (Lipschütz, Wagner und Bormann), Röntgenbestrahlung (Ancel und Bouin, Herxheimer und Hoffmann, Cl. Regaud, M. Thorek, I. Tsukahara u. a.), Samenstrangresektion oder Unterbindung [Kunz[1]), Massaglia, Retterer und Voronoff, Romeis, Tiedje], zum Teil mit späterer Autotransplantation kleiner Stückchen des geschädigten Hodens auf das Peritoneum (Massaglia), Verlagerung des Hodens in die Bauchhöhle im Sinne des Kryptorchismus (Bouin und Ancel, Crew, Lichtenstern, Regaud und Policard, Sand) sowie durch Überfütterung mit Alkohol (A. Kostitch), mit Fleisch (Pézard), allgemeine Mästung (H. Stieve [Gans]) sowie Unterernährung (Siperstein) erzielt wurde.

Das wirksame Moment bei der Testikelverlagerung in die Bauchhöhle, das die Spermiogenese beim jungen Hund nicht einsetzen läßt, und beim erwachsenen Tier Hodenatrophie bewirkt, soll nach F. A. E. Crew die um etwa 5 Grad höhere Temperatur in der Bauchhöhle sein. Wahrscheinlich spielt m. E. die Erschwerung der Blutversorgung und Beeinträchtigung des Vas deferens durch die Verlagerung auch eine Rolle. Beim Kryptorchismus und der Azoospermie im nichtbrünstigen Tierhoden, der sich außerhalb der Brunst aus dem Skrotum zurückzieht, ist die Frage nach dem primären Faktor kaum entscheidbar. Mir scheint wahrscheinlicher, daß der Funktionszustand der Keimdrüse (oder ein übergeordneter Faktor) ihre Lage beeinflußt als umgekehrt, wie es Crew zur Stütze seiner Theorie annimmt.

---

[1]) Ohne Literaturangabe angeführt bei J. Kitahara, Über die Entstehung der Zwischenzellen usw. Arch. f. Entwickl.-Mech., Nr. 52, S. 550—615, 1923.

R. Oslund tritt für Crews Ansicht ein, u. a., weil in das Skrotum verpflanztes Hodengewebe Spermatogenese aufweist, während die Transplantation in die Bauchhöhle die Samenbildung zum Stillstand bringt. Schutz des Skrotums vor Wärmeverlust (vorsichtige Umhüllung) erzeugte bei einem Schafbock (C. R. Moore udn R. Oslund) Hodendegeneration, ähnlich wie beim Kryptorchismus.

Ein Teil der Untersucher berichtet von Kastrationsfolgen nach der Schädigung des generativen Anteils. Andere fanden ein Erhaltensein der sekundären Geschlechtsmerkmale und glauben dies auf die innere Sekretion des weit weniger geschädigten, zum Teil gewucherten (Lipschütz, Ottow und Wagner) Zwischengewebes beziehen zu dürfen. In diesem Zusammenhang sei der schwieriger zu bewertende Befund erwähnt, daß bei gleich ausgiebig partiell kastrierten Kaninchen einige Tiere normale sekundäre Geschlechtsmerkmale entwickelten, während einige andere unter gleichen Versuchsbedingungen kümmerliche Sexuscharaktere im Sinne des Eunuchoidismus aufwiesen (Lipschütz). Der histologische Vergleich der Hodenreste zeigte in beiden Fällen intakte Spermiogenese, als anscheinend einziger Unterschied soll sich bei den Eunuchoiden eine Atrophie der Zwischenzellen gefunden haben. Lipschütz folgerte seinerzeit aus dieser Beobachtung, daß die Zwischenzellen das hormonal wirksame Keimdrüsenelement seien, das die sekundären Geschlechtsmerkmale entscheidend beeinflußt. (Was bekanntlich auch die Steinachsche Schule, die Schule Bouin und Ancels verficht, ähnlich L. Williams u. a.) Nach wie vor steht dieser Deutung entgegen, daß das Zwischengewebe zur Zeit voller Geschlechtsreife und großer sexueller Aktivität gering ausgebildet ist im Vergleich zu seiner wirklichen oder scheinbaren Wucherung im Stadium vorübergehend oder dauernd herabgesetzter geschlechtlicher Funktion (Goddard, Schmaltz, Stieve).

Dies ist beschrieben: bei Kachexie infolge chronischer Tuberkulose, Senium, Krebs, Nervenleiden, Alkoholismus (Bertholet, Weichselbaum [Langhans, Hansemann, Lubarsch, Dürck, K. Koch], zit. nach Cordes, Goddard, Kasai, Kaufmann; bei akuten und chronischen Krankheiten (Cordes, Thaler, Ancel und Bouin); bei starken Blutverlusten, experimenteller Infektion, syphilitischer Kachexie (Hansemann [zit. nach Lipschütz]); bei Scheinzwittertum (L. Loeb, B. Sternberg); bei Vas deferens-Unterbindung (Massaglio), während der Hodenregeneration nach beendigter Unterernährung (Siperstein); bei experimenteller Röntgenschädigung (Herxheimer-Hoffmann, Kyrle, Simmonds); bei Kryptorchismus (Chevassu, Felicet und Branca, Finotti, Goddard, Kauffmann, A. Kohn, Pick); bei Pseudohermaphroditismus masculinus internus (Kauffmann, Pick, Stroebe); bei Tumoren (Hansemann und Dürck, Kauffmann, Poll, Stoppato [z. T. zit nach Kauffmann; bei Chorionepitheliom im gesunden Hoden (E. Hedinger); in frühester Jugend vor Ausbildung der Differentiae sexuales (K. F. Bascom, Kitahara, T. Kudo, Schmaltz, Stieve).

Zwischenzellwucherungen im Testikel bei Pädatrophie, Lepra, Malariakachexie erwähnt A. Greil. Bei Eunuchoiden sollen dagegen nach Griffith (zit. nach Greil) auch die Interstitialzellen hypoplastisch sein.

Bei niederen Tieren beeinflussen die Keimzellen die sekundären Sexuscharaktere offenbar allein, da Interstitialzellen bei ihnen nicht nachgewiesen werden konnten (Regenwurm, Kröte [Harms]).

Daß Stieve auch die Insekten als Beispiel heranzieht, ist unberechtigt, da eine innere Sekretion bei Insekten fehlt (s. o.).

Über die Unterbindungsversuche am Samenstrang, auf welche Bouin und Ancel, Steinach, Lipschütz besonderen Wert legten, liegen zahlreiche Kritiken und kritische Nachuntersuchungen vor, unter denen vor allem diejenigen von Stieve, Romeis, Tiedje, Schinz und Slotopolsky genannt seien. Bekanntlich haben Bouin und Ancel angenommen, daß durch Unterbindung des Samenleiters der generative Anteil des Hodens zugrunde ginge, dagegen der Zwischenzellenanteil allein erhalten bliebe. Man konnte somit von einer isolierten Zwischenzellendrüse oder Pubertätsdrüse im Sinne von Lipschütz sprechen. Da eine solche, angeblich isolierte Pubertätsdrüse den gleichen oder sogar erhöhten Einfluß auf den sexuellen Trieb des betreffenden Tieres ausübt, da ferner bei Überpflanzung eines Hodens in ein kastriertes Tier ganz die gleichen histologischen Bilder erzielt und der gleiche Einfluß auf das sexuelle Verhalten des Kastraten ausgeübt werden, so liegt darin Grund genug, in der „Pubertätsdrüse" den eigentlichen Beherrscher der sexuellen Triebe zu sehen. Die besondere Stärke des Triebes nach Unterbindung des Samenleiters, das Wiedererwachen des Geschlechtstriebes und andere Verjüngerungserscheinungen nach Samenleiterunterbindung bei senilen Tieren werden von Steinach auf eine besonders starke Wucherung der Zwischenzellen zurückgeführt.

Gegen diese letzten Schlußfolgerungen erhob bereits Stieve den gewichtigen Einwand, daß es sich bei den angeblichen Fällen von Zwischenzellenvermehrung (auch in der Vorbrunst) gar nicht um eine absolute, sondern nur um eine scheinbare Vermehrung der Zwischenzellen handelt. Mißt man mit der von ihm angewandten Methode das Volumen der Zwischenzellen vor und nach der angeblichen Vermehrung, so ergibt sich, daß sich dasselbe so gut wie gar nicht verändert hat. Die Vermehrung wird nur durch die Abnahme des generativen Teils vorgetäuscht, ist also eine relative. Freilich gibt Stieve später zu, daß nach Schädigung des generativen Anteils des Hodens auch eine absolute Vermehrung der Zwischenzellen vorkommt. Genaue Messungen über das Verhalten der Zwischenzellen nach Unterbindung des Samenleiters bringen Slotopolsky und Schinz. Sie stellen durch eine ähnliche Methode, wie die von Stieve angewandte, fest, daß man zwar nicht von einer starken Vermehrung der Zwischenzellen sprechen kann, daß aber doch eine Vermehrung der Zellen oder jedenfalls Vergrößerung des Zwischengewebes bis zu 68 Proz. beobachtet werden kann. Während der generative Anteil auf ein Drittel zurückgeht, wächst das Zwischengewebe nur um etwa die Hälfte an. Die Verfasser überlegen, ob es sich hier nicht um unvermeidliche Rechenfehler handeln könne, so daß in Wirklichkeit überhaupt keine Vermehrung der Zwischenzellen besteht. Aber andere, von ihnen selbst angestellte Versuche bei völlig senilen Hoden zeigen, daß dort, wo überhaupt kein resorptionsfähiges generatives Material mehr vorhanden ist, auch die Vermehrung der Zwischenzellen ausbleibt oder wesentlich geringer ist. Somit ist man doch gezwungen, mit Stieve eine gewisse Vermehrung der Zwischenzellen nach Schädigung des generativen Anteils des Hodens zuzugeben; ob man sie schwach oder stark nennen will, kommt darauf an, ob man eine Vermehrung um die Hälfte schon stark nennt oder nicht. Dazu kommt, daß Slotopolsky und Schinz die stärkste Vermehrung gerade bei den Tieren fanden, welche am längsten — nämlich 6 Wochen — beobachtet wurden, während die übrigen Tiere durchschnittlich nach 2—3 Wochen getötet wurden. Slotopolsky und Schinz haben also gar nicht festgestellt, bis zu welchem Grade die wirkliche Vermehrung der Zwischenzellen ansteigen kann. Immerhin könnte sich Steinach auf diese doch bis 68 Proz. betragende Vermehrung der Zwischenzellen nach Unterbindung des Samenleiters berufen, um seine Theorie zu stützen, daß Vermehrung der Zwischenzellen mit stärkerer Betonung der Vita sexualis zusammenfällt.

Hier sind nun die Versuche von Tiedje zu erwähnen. Er prüfte das Verhalten der Hoden nach einseitiger und doppelseitiger Unterbindung, sowie nach einseitiger Unterbindung und gleichzeitige Kastration des anderen Hoden. Dabei ergab sich, daß einseitige Unterbindung zu endgültiger, jedenfalls viele Monate dauernder Atrophie des Hoden führt, daß dagegen gleichzeitige Entfernung des anderen Hoden zu einer nach wenigen Monaten einsetzenden Regeneration des generativen Anteils im unterbundenen Hoden führt. Ebenso kommt es bei doppelseitiger Unterbindung der Hoden zunächst zu einem Zerfall des generativen Anteils mit Vermehrung des Zwischenzellengewebes, aber nach wenigen Monaten zur völligen Wiederbildung des generativen Anteils. Ebensowenig läßt sich durch Unterbindung noch unreifer Hoden bei doppelseitiger Unterbindung die Reifung derselben unterdrücken. Diese von Steinach nicht genügend gewürdigte Regenerationsfähigkeit der unterbundenen Hoden gibt nun den Schlüssel zum Verständnis der von ihm gemachten Beobachtungen. Tiedje konnte zeigen, daß die Erhöhung der Vita sexualis gerade mit der Periode des Zerfalls des generativen Anteils zusammenfällt. Daß die sich allmählich einstellende, scheinbare oder absolute, schwache oder starke Vermehrung der Zwischenzellen keine Bedeutung besitzt, beweist die Tatsache, daß die Steigerung der Vita sexualis allmählich in das Gegenteil umschlägt, und zwar zu einer Zeit, wo die Vermehrung des Zwischenzellengewebes das Bild beherrscht. Erst mit der Regeneration des generativen Anteils kehrt die Vita sexualis zur Norm zurück. Also schließt Tiedje mit Recht, daß es die Resorption des zerfallenden generativen Anteils und nicht die Vermehrung des Zwischenzellengewebes ist, welche nach Unterbindung des Samenleiters die Steigerung der Vita sexualis bedingt. Zu ganz den gleichen Ergebnissen kommen Slotopolsky und Schinz. Ihre Versuche sind insofern nicht ganz so eindeutig wie die von Tiedje, als sie jedesmal den einen Hoden zur Kontrolle entfernten. Damit wird aber, wie Tiedje gezeigt hat, ein neuer Faktor für die Reaktionsfähigkeit des anderen Hodens eingeschaltet. Sieht man davon ab, so können die Versuche von Slotopolsky und Schinz als volle Bestätigung der Schlußfolgerungen Tiedjes angesehen werden. Man wird daher mit Tiedje behaupten dürfen, daß die Resorption der physiologisch oder pathologisch zerfallenden Eiweißsubstanzen des generativen Gewebes das Bestimmende für die Gestaltung der Vita sexualis ist. Auf welchem Wege die Wirkung dieser Substanzen zustande kommt (Blutwege, Nervenweg), muß dahingestellt bleiben.

Auch die Untersuchungen ausländischer Autoren, von Massaglia sowie Retterer und Voronoff lassen sich mit den Beobachtungen der deutschen Autoren in Einklang bringen. Retterer und Voronoff fanden genau wie Tiedje das Wiederauftreten der Spermatogenese nach vorausgegangenem Zerfall des generativen Gewebes bei Ligatur und Resektion des Vas deferens. Massaglia untersuchte die Veränderungen bei Hähnen. Hier liegen die Verhältnisse etwas verwickelter. Die Unterbindung des Vas deferens hat beim Hahn nach vorübergehender Stauung des Sekretes eine Resorption desselben und Atrophie der Kanälchen zur Folge. Dann setzt eine, nach Ansicht des Verfassers, lebhafte Wucherung des Zwischenzellengewebes ein. Auffallenderweise ist während dieser Zeit eine Veränderung der Vita sexualis nicht zu beobachten. Werden jetzt die Hoden entfernt, so zeigen sich die üblichen Kastrationserscheinungen. Hier könnte man an eine Mitbeteiligung des Zwischenzellgewebes denken. Der Verfasser gibt aber selbst zu, daß die Spermatogenese nicht immer völlig aufgehört hat, so daß man die Kastrationsfolgen auch als einen Ausfall der letzten Resorptionsvorgänge an dem zerfallenden generativen Gewebe deuten könnte. Jedenfalls lassen sich auch diese Befunde nicht ohne weiteres zugunsten der Steinachschen Theorie deuten.

Steinach und Kammerer haben Ratten (Männchen und Weibchen) bei 35° C gehalten. Dadurch erzielten sie in den Keimdrüsen eine Vermehrung der Zwischenzellen, während die Keimzellen nicht vermehrt waren (da deren optimale Temperatur bereits bei 35° C liegt). Eine wesentliche Verstärkung der Differentiae sexuales genitales subordinariae, die die Hitzetiere zeigten, führen die Verfasser auf die hormonale Funktion der hypertrophierten „Pubertätsdrüse" (Interstitialzellen der Keimdrüse) zurück. Das Ergebnis ist keineswegs eindeutig. Vermutlich spielt die veränderte Blutverteilung (Hyperämisierung der Genitalien im Körperinnern) auf Kosten der Oberflächendurchblutung die Hauptrolle, zumal die extragenitalen Geschlechtsmerkmale schwächer ausgebildet waren als in normaler Temperatur; und in einem Stieveschen Versuch auch das Haarkleid der Hitzemäuse schütter wurde. Auch Resorption von hitzegeschädigtem generativem Gewebe dürfte mitgespielt haben.

Stieve hielt ausgewachsene Mäuse längere Zeit auf einer Temperatur von 37°. Die Beeinträchtigung der Keimdrüsen glaubt auch er nicht gesondert betrachten zu dürfen, sondern nur im Rahmen der Gesamtschädigung. Die Männchen gewöhnten sich z. T. an die hohe Außentemperatur und nach etwa 80 Tagen ist die Spermiogenese histologisch wieder intakt, so daß vorübergehend zugesetzte Weibchen befruchtet werden. Der Eierstock zeigt nach etwa 200 Tagen keine Primordialfollikel mehr. Doch können Weibchen nach längerem Aufenthalt bei 32° noch befruchtet werden. Werden sie danach in Zimmertemperatur gesetzt, so werfen sie Junge, die doch das schüttere elterliche Hitze-Haarkleid mitbringen. (Ähnliche Ergebnisse beschreibt J. Hett.)

Steinach verpflanzte in jugendliche kastrierte Ratten die Hoden älterer Ratten, die Gegenstand früherer Autotransplantation gewesen waren, und angeblich kein samenbildendes Gewebe mehr enthielten. Die Entwicklung zur Männlichkeit trat ein und konnte auf eine Nachwirkung des samenbildenden Gewebes seit der Operation nicht bezogen werden. Ähnlich bewertet Lipschütz die Verpflanzung kryptorcher Testikel auf den kastrierten Mann, die vorübergehend die Ausfallserscheinungen hintanhält.

Die Befunde Thoreks sind im Sinne des „Alles- oder Nichtsgesetzes" ebenfalls nicht beweisend, doch seien sie als Gegenstück zu den Untersuchungen Bolognesi, Retterers und Voronoffs erwähnt, die bei ähnlichem Vorgehen zum entgegengesetzten Ergebnis kamen. Thorek pflanzte in kastrierte impotente Affen kryptorche menschliche Hoden und normale Testikel anderer Affen ein, in denen durch Röntgenbestrahlung das samenbereitende Epithel, jedoch nicht die Sertoli- und Leydigzellen zerstört worden waren. Thorek sah bei den meisten Versuchstieren eine normale sexuelle Funktion wiederkehren und beobachtete beim Menschen Fälle normaler Vita sexualis bei doppelseitigem Kryptorchismus und nach Orchitis, wo Probeexzision aus den Gonaden kein funktionierendes generatives Gewebe mehr zeigte. Da auch seine 97 Hodentransplantationen beim Menschen in 32 Proz. vollen Erfolg, in 30 Proz. Besserung, in 13,4 Proz. geringe Wirkung hatten, hält er für bewiesen, daß die Leydigzellen den bestimmenden Einfluß auf Ausbildung und Funktion der Differentiae sexuales besitzen.

Karl Wagner, der Mitarbeiter von Lipschütz, faßt seine Zwischenzellstudien an verschiedenen Säugetieren unter normalen und experimentell geänderten Bedingungen in dem Sinne zusammen, daß allein aus Vorkommen und Menge der Zwischenzellen der Ort der Hormonbildung im Testikel nicht zu erschließen sei.

In zwei Arbeiten aus dem Jahre 1923 hält Lipschütz für möglich, daß die Interstitialzellen, in denen er die eigentlichen Hormonbildner erblickt, extrauterin zu ihrer innersekretorischen Tätigkeit eines gewissen Entwicklungsgrades der Keimzellen bedürfen.

Bei einseitiger Kastration hypertrophiert der andere Hoden (Ribbert). Seine Samenkanälchen bekommen einen größeren Durchmesser, die Zwischenzellen sind entgegen der Theorie von Bouin und Ancel nicht relativ vermehrt, aber auch durchaus nicht vermindert (entgegen Stieve). Der Hoden täuscht eigentlich eine Hypertrophie nur vor, indem er in beschleunigtem Tempo das normale Endgewicht erreicht. Beim Lauch hypertrophiert nur der verletzte Hoden, bei einseitiger Kastration reagiert der andere intakte Testikel nicht wie bei anderen Tieren (Lipschütz).

Lipschütz, Ottow und Wagner sowie Bormann kommen auf Grund der Ergebnisse bei partieller Kastration zu dem Ergebnis, daß die dabei auftretende Hypertrophie der Zwischenzellen des dezimierten Testikels lediglich lokal bedingt sei, nicht als kompensatorisch aufzufassen ist und mit den hormonalen Beziehungen zum Gesamtorganismus nichts zu tun hat (ebenso A. Pézard) wegen der Schädigung auch der Zwischenzellen in den wirksamen Transplantaten, ebenso Takamori nach Röntgenbestrahlung). Sie fanden nämlich die Hypertrophie der Zwischenzellen in offenbarem Zusammenhang mit der Blutversorgung (verschieden starke Reaktion im oberen und unteren Hodenpol), andererseits bleibt die Hypertrophie in sehr kleinen Keimdrüsenresten aus und kann schon nach geringfügiger Verminderung der Hodensubstanz eintreten.

Zwischenzellwucherungen nach Schwinden des generativen Gewebes wurde beschrieben von Stephan 1902 (beim Maultier), von Mazzetti 1911 (Kastratentyp mit Riesenwuchs), von Guyer 1912 (bei Haushahn × Perlhuhnkreuzung) und von Stieve 1919 bei der Dohle. H. Poll erinnert an diese Fälle und fügt zwei neue bei Mischlingshähnen (Pfauhahn × Perlhenne) hinzu. Da er das Zwischengewebe, das gesamte Hodennetz und den Nebenhoden durchwuchern sah, hält er das Verhalten der Interstitialzellen für blastomatös, ätiologisch scheint die eigenartige Erbgutmischung bei unfruchtbaren Bastarden eine Rolle zu spielen. Es ist interessant, daß von Polls Zwischenzellgeschwülsten im Mischlingshoden Übergänge zu bestehen scheinen zum wahren Zwittertum. Das verbindende Glied bildet neben ähnlichen von H. Gerbis, E. Kaufmann, Pick, G. Schickele beschriebenen Fällen, ein von Blair-Bell untersuchter Fall: 19jähriges Individuum, Habitus mehr männlich, Mammae klein, aber weiblich. Rechts verkleinertes Ovarium, mikroskopisch anscheinend funktionstüchtig, links ein pflaumengroßes, testisähnliches „Ovarium". Mikroskopisch ergab die linke Keimdrüse im peripheren Teil Ovarialgewebe mit Primordial- und Graafschen Follikeln, zentral einen Gewebekomplex, der von dem untersuchenden Pathologen für ein Zylinderkarzinom, von Blair-Bell für Hodeninterstitium, von C. D. Josephson und Pick für ein „Adenoma tubulare testiculare ovarii" gehalten wurde. Diese Adenome werden von H. Gerbis, E. Kaufmann und Pick auf die Sertolischen Zellen (atrophierender Hodenkanälchen bei ektopischen Hoden, resp. von Scheinzwittern [Lecène und Chevassu]) zurückgeführt. Die Verwandtschaft der Adenomfälle mit dem echten Zwittertum sieht Pick darin, daß beim Adenom „ein echt hermaphroditischer Hodenanteil einer weiblichen Keimdrüse durch das Aufgehen in einer Neubildung vollkommen aufgezehrt wurde". 1921 beschrieb A. Peyron 20 Fälle von Zwischenzelltumoren des Hodens beim Pferd, er studierte besonders die Übergangszonen von normalen Zwischenzellen zu Geschwulstbezirken.

Champy untersuchte die Hoden einer geschlechtlich unterentwickelten Hyäne. Er fand die Samenkanälchen sklerosiert, was ihm die hormonale Hypofunktion erklärlich macht, außerdem eine starke Ausbildung der Zwischenzellen, was er gegen die Theorie von Bouin und Ancel verwertet.

Lipschütz, Wagner, Bormann betonen, daß die Existenz normaler Mengen von Zwischenzellen im Hoden bei somatischem Eunuchoidismus nur dann gegen die Theorie von Bouin und Ancel spräche, wenn diese Interstitialzellen auch qualitativ ungeschädigt seien. In ihren Fällen von Eunuchoidismus beim Kaninchen soll das histologische Bild der Leydigzellen nicht normal gewesen sein.

T. Takamori beobachtete am röntgenbestrahlten Hoden nach vitaler Lithionkarminfärbung, daß die Zunahme des Keimdrüseninterstitiums auf die wuchernden Fibroblasten und die weniger zunehmenden Histiozyten zu beziehen ist, während die Interstitialzellen sensu strictiori nicht vermehrt sind und sogar regressive Erscheinungen bieten.

Ähnlich beobachtete Braun nach Radiumbestrahlung eine Schädigung der „Interstitiellen Drüse" im Ovar (zit. nach Benthin).

Berblinger berichtet ausführlich über einen sexuell indifferenten, an Tuberkulose gestorbenen 26jährigen Mann mit kindlichem äußeren Genitale, Atrophie des generativen Hodenanteils, aber außergewöhnlich zahlreich und gut entwickelten typischen Leydigzellen. Bei vier Fällen von Hodenatrophie mit Erhaltung der Sertolizellen und Spermatogonien, dagegen Verminderung der Interstitialzellen, waren die Geschlechtsmerkmale normal erhalten.

Gegen die Beurteilung der Zwischenzellen im Sinne Steinachs spricht ferner, daß sie bei der Rinderzwicke stark gewuchert sind, obwohl diese Tiere psychisch und somatisch einem kastrierten Männchen gleichen. (Körperform, Hörner, fehlende sexuelle Instinkte [Willier].)

Die interstitielle Drüse im Hoden kommt nicht bei allen Fischen vor. Sie fehlt bei den Selachiern und bei Blennius (R. Courrier).

Bei Anuren und Urodelen gibt es keine eigentlichen Zwischenzellen. Jedoch ist lipoidspeicherndes Bindegewebe vorhanden. Durch Versuche an Triton alpestris (periodisches vollständiges Hungern) zeigte Ch. Champy, daß die Ausbildung der sekundären Sexusmerkmale (Hochzeitskleid) keineswegs von diesem Zwischengewebe, dagegen von dem generativen Gewebe (z. Zt. der Spermatozoenreifung) beeinflußt wird.

Ebenso wie Champy sieht R. Humphrey die Zwischenzellen des Urodelenhodens für einfache Bindegewebszellen an, in denen sich während der regressiven Phase der Spermatogenese Fette und Lipoide ablagern; einen Einfluß auf Reifungsvorgänge, Paarungsperiode, sekundäre Geschlechtsmerkmale im Sinne Steinachs lehnt er ab. Die Urodelen sind unter den Tieren mit zyklisch ablaufender Spermatogenese zur Untersuchung besonders geeignet, weil sich die Zellen der einzelnen Hodenläppchen im gleichen Ausbildungsstadium befinden, so daß die spermatogenetische Welle schrittweise durch den Hoden verfolgbar ist.

E. Weishaupt fand nur im Kaninchenovar Zwischenzellen, die sie morphologisch als Drüsenbestandteile glaubt anerkennen zu dürfen. Als Eigenart der Zwischenzellgruppierung im Kaninchenovar sei anschließend erwähnt, daß in diesem nicht alle atretischen Follikel miteinander verschmelzen. Es bleiben vielmehr einige derart isoliert, daß sie als „autonome falsche Corpora lutea" von A. L. Salazar bezeichnet werden.

Robert Meyer weist hinsichtlich der Zwischenzellfrage darauf hin, daß beim menschlichen Weibe Interstitialzellen im Eierstock nur zusammen mit

Primordialfollikelabkömmlingen vorkommen, eine interstitielle Drüse also selbständig nicht vorkommt. Er betont, daß Individuen ohne Eierstöcke und sogar mit Hoden körperlich und geistig mehr minder weit weiblich entwickelt sein können. Die Entwicklung heterologer Sexuscharaktere sei nur insoweit klargestellt, als sie sicher von den interstitiellen Keimdrüsenzellen nicht abhängen. Zum selben Schluß gelang K. F. Bascom (Rinderembryonen lassen nämlich ihr Geschlecht schon vor dem Auftreten von Zwischenzellen erkennen.) (Ähnlich Kitahara.)

Die Untersucher, die andererseits durch Erhaltung oder Überpflanzung angeblich reinen Keimdrüseninterstitiums die Kastrationserscheinungen nicht verhüten konnten, vermögen natürlich auch nicht aus ihren negativen Erfolgen streng zu beweisen, daß dabei ausschließlich die Ausschaltung der Keimzellen im Spiel war.

G. Bolognesi führte zunächst die „Epididymo-Deferentektomie" (Resektion des Vas deferens und Exstirpation des Nebenhodens) aus, die rasche Atrophie des generativen Gewebes und Hypertrophie der Zwischenzellen herbeiführt. So vorbehandelte Testikel, „Interstitialome" (Diamare), wurden homoplastisch verpflanzt. Die histologische Nachprüfung des Materials vor der Transplantation verhinderte, daß außer dem hyperplastischen Bindegewebe des Hodens noch Keimzellen mitverpflanzt wurden. Entgegen der Annahme einer großen innersekretorischen Wirksamkeit des Keimdrüseninterstitiums übten die Transplantate auf den Empfänger keinerlei merklichen Einfluß aus und wandelten sich bald in reines Bindegewebe resp. Granulationsgewebe um. Demgemäß lehnt Bolognesi eine hormonale Funktion der Leydigzellen im Sinne Steinachs ab.

Retterer und Voronoff verpflanzten die Hoden eines jungen, in Gefangenschaft gehaltenen Schimpansen. Da diese Hoden keine Zwischenzellen, sondern nur rein bindegewebiges Stroma enthielten, schließen die Autoren, daß die volle Wirksamkeit der Transplantate dem infantilen Kanälchenepithel zugeschrieben werden müsse. Bei methodologisch gleichem Verfahren kommen also Retterer und Voronoff beim infantilen Schimpansen zum entgegengesetzten Resultat wie Thorek und wie Lipschütz beim eunuchoiden Kaninchen, was die geringe Beweiskraft derartiger Ausnahmebefunde beleuchtet.

Bedeutung des Zwischenzellengewebes überhaupt.

Wahrscheinlich kann die Gewebezüchtung in vitro, die bei Hoden- wie Eierstocksgewebe (Christian, Champy resp. E. Brugnatelli, Zondek und Wolff) für gewisse Zeit bereits gelingt, in absehbarer Zeit hier zu beweisenden Ergebnissen führen. Sie gestattet nach und nach die Gewebskomponenten eines Organs voneinander zu trennen, auf Grund deren verschiedener Marschgeschwindigkeit in das einbettende Medium hinein. So werden besonders Kombinationen von Gewebezüchtung mit Replantation und Transplantation aufschlußreich werden können, wenn wir erst besser Herr der Methodik sein werden als heute. Vorläufig bietet nämlich die Gewebezüchtung eine Unsumme bekannter und noch unbekannter Anlässe zu Mißdeutungen. Demnächst sei unter den Arbeiten, die die funktionelle Verknüpfung des generativen und interstitiellen Keimdrüsenanteils untersuchen, derer gedacht, die eine solche Verknüpfung hinsichtlich der wesentlichen Funktion gar nicht für wahrscheinlich halten, sondern glauben, daß die Zwischenzellen und Keimzellen innersekretorisch toto coelo verschiedene Aufgaben haben (Berberich, Jaffé, Lotz u. a.). Zu dieser Annahme haben weniger die zeitlichen Variationen und Differenzen gedrängt, die zwischen der Tätigkeit der generativen und interstitiellen Zellen auffallen, sondern in erster Linie wesentliche chemische Unterschiede. Die färberische Differenzierung der Lipoide (nach Kawamura) ergab in menschlichen Hodenschnitten, daß sich in den Keimzellverbänden vor allem Phosphatide und Cerebroside finden, in dem Zwischengewebe dagegen Cholesterine und Cholesterinester. Diese beiden Gruppen von „Lipoiden" haben nun hinsichtlich ihrer chemischen Konstitution nichts gemeinsam als den Namen. Darüber hinaus repräsentieren sie in physikalisch-chemischer Beziehung ausgesprochene Gegensätze. Eine trophische, resorptive oder synergetische Beziehung zwischen den beiden Gewebskomponenten der Keimdrüse wurde nahegelegt vor allem durch den Befund anscheinend identischer oder verwandter Lipoide im Zwischengewebe wie in den Keimzellen. Erweisen sich diese Lipoide nun als chemisch absolut unverwandt, so liegt es ebenso nahe, die erwähnten Korrelationen für unbegründet zu halten. Der Eindruck jedoch, daß zwischen der Funktion des generativen und interstitiellen Keimdrüsengewebes zeitliche Beziehungen bestehen, so wechselvoll diese auch sind, scheint Berblinger, Jaffé, Lotz zu der Annahme zu veranlassen, daß die Zwischenzellen als unspezifische, nebensächliche Aufgabe zur Ernährung der Keimzellen beitragen könnten (ähnlich A. Kunze bezüglich der Haustiere). Mir scheint bei voller Würdigung der Wichtigkeit dieser histochemischen Befunde Vorsicht in anderer Richtung wichtiger. So gibt es zu Zweifeln Anlaß, daß wir die verschiedene Lokalisation der chemisch fremden Lipoidarten mit einiger Prägnanz nur im Hoden, und zwar des Menschen nachgewiesen finden. Im Rinderhoden dagegen zeigten sich innerhalb und außerhalb der Samenkanälchen chemisch verwandte Lipoide.

Bei histochemischer Untersuchung an degenerierenden Hoden fand Kleinicke im Interstitium des Hodens (in 50 Proz. seiner Fälle reichlich) Cholesterinester, wenig Phosphatide, intratubulär dagegen niemals Cholesterinester, wohl aber reichlich Lipoide im engeren Sinne. Cephaline waren im wenig geschädigten Testikel relativ spärlich. K. nimmt an, daß die Lipoidvermehrung im Interstitium auf Resorption aus den Samenkanälchen beruhe und daß Verdickung der Kanälchenwand als Resorptionshindernis zu einer intratubulären Lipoidstauung führt. Nicht nur die Schwere, sondern auch die Raschheit der Degeneration soll den Lipoidreichtum im Hoden vergrößern. Die chemische Fremdheit der beiden Lipoidgruppen wird nicht berücksichtigt.

A. Kunze berichtet über die Lipoidverhältnisse im Hoden bei Hund, Kater, Eber, Ziegenbock, Hengst und Ratte, die, von quantitativen Differenzen abgesehen, in Chemie, Verteilung und Auftreten ziemlich übereinstimmen. Nur beim geschlechtsreifen Menschen scheinen im Interstitium Cholesterinester in größeren Mengen vorzukommen, bei den untersuchten Tieren zeigten sich nun Lipoide sensu strictiori (besonders Kephaline) und Neutralfette meist innig im selben Tropfen gemischt. Die intra- und extratubulären Lipoide ließen keine chemische Verschiedenheit erkennen. Sie kommen vor der Pubertät reichlicher im Zwischengewebe vor, später überwiegen sie zunehmends im generativen Gewebe.

Im Ovar sollen nach Wiczynskis histologischer Untersuchung an 52 Fällen Fette und Lipoide in allen Gebilden vorkommen, die sich vom Primärfollikel ableiten (ebenso Hermann Walter). Es soll sich dabei vorwiegend um Phosphatide handeln, die im Gemisch mit Cholesterinen vorkommen. Im Rückbildungsstadium des Follikels sollen Neutralfette, Cholesterinester, Fettsäuren aufzutreten pflegen (Wiczynski). E. Weishaupt kommt für die Lipoide schlechthin im Ovar quantitativ zu einem ähnlichen Ergebnis. Eine Unterscheidung funktioneller und degenerativer Lipoide scheint ihr mikrochemisch noch nicht möglich.

F. v. Mikulicz-Radecki fand in der Granulosa des jungen Corpus luteum Phosphatide und Zerebroside, nach Beginn der Abdeckung daneben Kephaline und Cholesteringemische. Im abnehmenden Blütestadium erscheinen Neutralfette, die zur Zeit der Menstruation die Lipoide völlig verdrängt haben. Den Lipoiden glaubt Mikulicz-Radecki eine Beteiligung an der Hormonproduktion zusprechen zu dürfen, die Fette des atresierenden Follikels hält er für Zelluntergangsprodukte. Eufinger fand im Corpus luteum graviditatis der ersten drei Monate ein Gemisch von Cholesterinfettsäuren, Cholesterinestern und Spuren von Kephalinen.

J. Berberich, R. Jaffé und Yamauchi (bei Mensch und Rind) untersuchten ebenfalls den Lipoidstoffwechsel im Ovarium. Im Corpus luteum, besonders der Blütezeit (3—4 Wochen post ovulationem) fanden sich sehr reichlich Cholesterinfettsäuregemische und Cholesterinester, die die Verfasser als Ablagerung, und nicht als Element eines Ovarialhormones ansehen.

Bei Follikelatresie wurden Fettsäuren und Seifen festgestellt. L. Lang untersuchte die Lipoidverhältnisse im Rindereierstock. Er fand im Corpus luteum regelmäßig Phosphatide, Zereproside und Glyzerinester.

Schließlich darf man die Leistungsfähigkeit der histochemischen Färbemethode nicht überschätzen. Erstens decken sich die mit ihrer Hilfe unterscheidbaren Substanzen durchaus nicht völlig mit den gleichnamigen chemischen Stoffen. Zweitens gestattet die Auflösekraft des Mikroskopes nur die Konstatierung grobdisperser Emulsionen, die vermutlich biologisch viel wirksameren Substanzmengen, die sich in kolloidaler Verteilung befinden, entziehen sich dieser Methode, was für die erörterte Keimdrüsenlipoidfrage auch hinsichtlich der Bewertung abweichender, negativer Befunde im Tierhoden nicht gleichgültig sein kann. Auf die geschilderten Verhältnisse im Lipoidgehalt der Testikel wird noch in anderem Zusammenhang kurz einzugehen sein. Zunächst sei aus den Befunden nur gefolgert, daß die histochemischen Verhältnisse im menschlichen Hoden der Annahme einer im wesentlichen trophischen, resorptiven oder synergetischen Beziehung des Zwischengewebes zu den Keimzellen nicht günstig sind. Andererseits präjudizieren die Befunde nichts hinsichtlich der Möglichkeit andersartiger, z. B. entgiftender, Beziehungen des Interstitiums zum generativen Gewebe — ebenso bleibt es in suspenso, ob diese Beziehungen oder andere die hauptsächliche Tätigkeit der Zwischenzellen in Anspruch nehmen.

Wenn es sich aber in Zukunft bestätigen sollte, daß im generativen Gewebe der Gonaden Phosphatide und Cerebroside, im Interstitium dagegen Cholesterine vorwiegen, so würde dadurch der folgende Gedankengang gestützt, der vorläufig noch hypothetisch ist. Bei der Atresie der Follikel und Corpora lutea im Eierstock, sowie bei dem physiologischen Tod eines gewissen Überschusses an Spermatozoen im Hoden (vgl. A. Priesels Beobachtungen bei schwerer Hodenatrophie oder Fehlen des Nebenhodenkopfes) werden aus den zerfallenden generativen Zellen zweifellos sehr hochwertige Substanzen frei, die für den Organismus vermutlich keineswegs indifferent sind, und die chemisch zum Teil zu den Lipoiden im engeren Sinne gehören. Verschiedene Arbeiten, unter anderem über Hämolyse durch Störung des Lipoidgleichgewichtes in vivo und vitro, machen hochgradig wahrscheinlich, daß die Lipoide sensu strictiori spezifische, aktive Substanzen darstellen, während die Cholesterine, die sich anscheinend regelmäßig in ihrer Begleitung befinden, unspezifisch, mildernd, entgiftend und in vieler Beziehung den eigentlichen Lipoiden entgegen wirken (vgl. Neubauer und Porges). Ein Vergleich deutet ihre vermutliche biologische Rolle am bequemsten an: die Cholesterine wirken offenbar als „massa pillularum", als indifferentes Vehikel für die bis zur Schädlichkeit hochwirksamen Substanzen, mit denen gemeinsam sie kolloidale Lösungen bilden, wobei die eigentlichen Lipoide in bestimmten Mischungsverhältnissen das Cholesterin (im Sinne eines Schutzkolloids) in relativ hochdispersem Verteilungszustand halten. Änderungen dieses Mischungsverhältnisses, oder Veresterung des Cholesterins (R. Degkwitz und Ph. Zoelsch) können nur dadurch dosierend wirken, daß sie den Dispersitätsgrad des Hormones ändern; — ferner durch die (experimentell nachweisbare) Modifizierung der Ionen-Permeabilität der Zelloberflächen, der elektrischen Isolation der Zellen und des Wassergehaltes im umgebenden Gewebe. In diesem Sinne könnten die cholesterinspeichernden Zellen des Keimdrüseninterstitiums als Pufferungsgewebe aufgefaßt werden, das nach zweierlei Richtung wirkt: erstens schützt es die empfindlichen Keimzellen vor schädigenden Stoffen aus der nahen und ferneren Umgebung (Kitahara, Voinov) und beteiligt sich unter Umständen wohl auch an der Abwehraktion anderer Pufferungsgewebe (Nebennieren, Mesenchym) bei Allgemeinschädigungen, das ist seine unspezifische Funktion; zweitens ergänzt es die spezifischen Stoffwechselprodukte des generativen Gewebes derart, daß deren wirksames Prinzip rechtzeitig, am rechten Ort und in der rechten Menge frei werden kann.

Da das Interstitium kein nur ihm eigenes unersetzbares inneres Sekret produziert, aber normalerweise einen integrierenden Anteil des spezifischen Keimdrüsenhormones beisteuert, könnte man seine Tätigkeit „lagespezifisch" nennen.

Auch Priesel glaubt, daß die Leydigzellen mittelbar durch Verarbeitung der Abbauprodukte des Samenepithels hormonal wirksam sind.

Auf dem Reichtum an Cholesterin dürfte auch die lebenswichtige Funktion der Nebennierenrinde beruhen (Loewenthal, Bonnamour).

Die entgiftende Wirkung des Cholesterins wurde experimentell nachgeprüft von Kipp, G. L. Malerba, H. Neilson Chas und Homer-Wheelon (Versuche bei Sapotoxinhämolyse), Brinkmann (Hämolyse in Lezithinemulsion wird durch Cholesterinzusatz verhindert), Leupold (Injektion von Bakterientoxinen). Hinsichtlich der physikalisch chemischen Verhältnisse vgl. die Experimente von Brinkmann, R. und E. van Dam, B. Majolo.

Unter den physikalisch-chemischen Differenzen zwischen Phosphatiden (resp. Lipoiden sensu strictiori) und Sterinen seien diejenigen angeführt, die den biologischen Antagonismus u. a. vermutlich begründen: die Phosphatide sind hydrophile, leicht emulgierbare Kolloide, die Sterine sind lyophob und für sich allein nicht in kolloidaler Zerteilung zu halten. Phosphatide sind gute Elektrizitätsleiter, Cholesterin hat die Dielektrizitätskonstante 5,4, d. h. isoliert (Brinkmann).

Nach H. Kürten (Versuche über Erythrozytensenkungsgeschwindigkeit) wirkt Cholesterin entladend, agglutinierend (Senkung beschleunigend); Lezithin, als Vertreter der eigentlichen Lipoide, aufladend, Dispersion erhöhend (Senkung verlangsamend). Gegen hämolytische Einflüsse und gegen Bakterientoxine (Scharlach, Masern, Diphtherie, Erysipel, Streptokokkensepsis, Pneumonie, Typhus [E. Leupold und Bogendörfer]) verteidigt sich der Organismus anscheinend zunächst durch Hypercholesterinämie, das zur Toxinbildung verbrauchte Cholesterin läßt dann den Cholesteringehalt der Nebennierenrinde und des Blutes sinken. Cholesteringefütterte Tiere zeigen Resistenzerhöhung gegen experimentelle Infektion (Leupold und Bogendörfer).

Daß Lipoide im engeren Sinne Cholesterine in kolloidaler Lösung zu halten vermögen, wird nach Versuchen von Brinkmann und van Dam sehr wahrscheinlich. Sie führen die elektrische Isolierung der Erythrozyten im Plasma zurück auf eine isolierende Schicht Cholesterin, das kolloidal gelöst erhalten wird von dem Lezithin, das an der Blutkörperchenoberfläche adsorbiert ist. In Salzlösungen schwindet diese isolierende Schicht, die Erythrozyten werden kugelförmig.

Der Quotient „Cholesterin : Lipoide" ist im Serum Gesunder ungefähr 0,6. Karzinome (mit Ausnahme der Lebertumoren mit Gallenstauung) scheinen Lipoide auszuscheiden, Cholesterine zu verbrauchen. Je nach ihrer Bösartigkeit lassen sie den Quotient unter 0,5 sinken (Loeper, Debray und J. Tonnet).

Hinsichtlich der Pufferfunktion des Zwischengewebes sind folgende Arbeiten von Interesse: Serrallach vertritt die Ansicht, daß die Veränderungen im Keimdrüseninterstitium bei Samenstrangunterbindung, beim Kryptorchismus, bei Inanition, Avitaminose, in der Winterruhe und nach Applikation von Glyzerin-Prostataextrakten, die er selbst ausführte, als Abwehrreaktion aufzufassen seien. Kostitch glaubt, daß die Zwischenzellwucherung nach Schädigung der Keimepithelien durch Alkoholüberfütterung vorwiegend defensiver Natur sei und dem Schutze des generativen Gewebes diene.

H. de Winiwater spricht den Eierstockszwischenzellen eine innere Sekretion ab und nimmt an, daß sie im Sinne eines biologischen Filters die empfindliche Eizelle vor schädlichen Beimengungen zur Nährflüssigkeit schützen.

B. Cějka spricht den Zwischenzellen des Erwachsenentestikels (die er morphologisch und funktionell von den embryonalen glaubt trennen zu können) die Aufgabe zu, schädigend wirkende Zerfallsprodukte aufzunehmen, längere Zeit festzuhalten und in unschädliche Pigmente (Lipofuszin) umzuwandeln.

Ein erschöpftes oder unterentwickeltes Hodenparenchym zeigt bei akuten Infektionskrankheiten und allen Allgemeinerkrankungen Störung der Spermatogenese. Es entspricht unseren Erwartungen, daß entsprechend der Schädigung des Keimepithels sich die Leydigzellen vermehren und mit Abnahme der Schädigung wieder zurückbilden (J. Kyrle).

Von besonderem Interesse aber ist im vorliegenden Zusammenhang die Beobachtung Berberichs, Jaffés und Lotzes, daß bei akuten Krankheiten jugendlicher Männer auch im fast unversehrten intakten Hoden (ebenso bei Fällen chronischer Erkrankung, deren Spermiogenese in etwa 50 Proz. kaum geschädigt wurde) eine ausgiebige Vermehrung der Leydigzellen eintritt. Ebenso fand Goette bei ganz leichter evtl. bereits abgeklungener Schädigung des Keimgewebes im Hoden akut erkrankter Männer unverhältnismäßig lebhafte Zwischenzellvermehrung und Reaktion. Andererseits wurde eine entsprechende Zwischenzellwucherung und -reaktion bei alten Männern, sowohl bei akuten als bei chronischen Krankheiten und trotz geschädigter Spermiogenese vermißt. Bei Diabetes mellitus fanden Lotze und Jaffé intratubulär die Lipoide geschwunden, extratubulär waren die Cholesterine verblieben (die an sich geringen Mengen extratubulärer Phosphatide und Cerebroside fehlten völlig). Die

Verfasser glauben deshalb an einen Zusammenhang zwischen der Funktionsfähigkeit der generativen Zellen und diesen Lipoiden im engeren Sinne. Weiter beobachteten Lotze und Jaffé, ebenso wie Brack, nicht in der nächsten Nähe, sondern erst im weiteren Umkreis von Degenerationsherden eine Zwischenzellreaktion. In diesen Zwischenzellen fanden sich nur Cholesterinester, während gerade die Phosphatide und Cerebroside, die den Hauptanteil der intratubulären Lipoide ausmachen, nicht in den Leydigzellen der Umgebung nachgewiesen werden konnten, wie man das bei Resorption hätte erwarten sollen.

Diese Einwände gegen eine resorptive Tätigkeit der Zwischenzellen sind aber, wohlgemerkt, dann hinfällig, wenn wir die keimepithelialen Zerfallsprodukte nicht als indifferente Schlacken oder Bausteine ansehen, sondern als ein bis zur Schädlichkeit hochwirksames Material, dessen abnorme Konzentration die Zwischenzellen in unmittelbarer Nähe der Degenerationsherde schädigt, und erst in größerer Entfernung optimal reagieren läßt.

A. Greil macht gegen eine trophische Funktion der Leydigzellen geltend, daß sie die Samenkanälchen nicht umscheiden, wie es die als Nährzellen anerkannten Lamellen und Sertolizellen tun, sondern sich nur in Knotenpunkten zwischen Kapillaren ansammeln.

Alle diese Befunde widersprechen durchaus der Annahme, daß die Zwischenzellen im wesentlichen eine resorptive Aufgabe hätten und deshalb nur vermehrt würden, wo generatives Gewebe zugrunde geht (Kyrle, Stieve).

Da bei Allgemeinkrankheiten die Nebennierenrinde vermutlich wegen des Verbrauchs entgiftender Stoffe eine Verminderung ihres Gesamtcholesterins zeigt, kann man an eine gleichzeitige kompensatorische Reaktion der Zwischenzellen im Hoden denken.

Die Eierstockszwischenzellen zeigen vielleicht eine analoge Korrelation nach der totalen Suprarenalektomie, die K. L. Jaffé und Marine bei Kaninchen ausführten. Sie glauben bei den 17 Tieren, die den Eingriff länger als 30 Tage, zum Teil länger als zwei Monate, überlebten, einen gewissen Parallelismus zwischen Lebensdauer und der mächtigen Hypertrophie der interstitiellen Zellen im Ovar feststellen zu können. Warum die Nebennierenentfernung beim Männchen (trotz gleicher Lebensdauer der operierten Tiere) keine Reaktion der Leydigzellen auslöste, wird vielleicht erklärlich, wenn wir noch andere Teile des puffernden Gewebesystems im Organismus erkennen und die Arbeitsteilung zwischen allen beteiligten Bezirken zu beobachten wissen werden.

Derselbe vorläufige Verzicht gilt für die Erklärung der Beobachtung von J. Berberich und R. Jaffé, daß im Gegensatz zum Verhalten der Leydigzellen im Hoden das Eierstockinterstitium hinsichtlich seines Lipoidgehaltes nicht auf akute Allgemeinkrankheiten reagiert.

Zu dem extragenitalen Pufferungsgewebe, das als Faktor vielleicht mitberücksichtigt werden müßte (wenigstens bei manchen Tieren), kommt auch die sogenannte „lipoide Drüse" oder „Cholesterindrüse" (Cramer) in Frage. Es handelt sich um eine Art drüsigen Fettgewebes, das bisher als „primitives Fettorgan", „Fettdrüse", „Winterschlafdrüse", „braunes Fett", „interskapulare Drüse" beschrieben wurde. Dieses Gewebe enthält neben Neutralfett Lipoide und Cholesterin, findet sich beim Embryo in allen untersuchten Tierarten, nach Geburt noch bei winterschlafenden Tieren, bei der weißen Maus und Ratte (Cramer). Bei Fütterungsversuchen ergaben sich Parallelismen zum Verhalten der Nebennierenrinde.

Auf Grund einiger Fälle von Kaninchen mit Eunuchoidismus trotz völlig intaktem, spermatogenem Gewebe, deren Interstitialzellen aber unterentwickelt waren, schließen Lipschütz und Wagner, „daß die Zwischenzellen bei den Säugetieren einen integrierenden Bestandteil des innersekretorischen Apparates im Testikel bilden". Ich möchte betonen, daß ich, von den geschilderten anderen Gedankengängen ausgehend, diese Behauptung unter normalen

Verhältnissen für wahrscheinlich halte, ohne die von Lipschütz, Wagner angebotenen Beweise als stichhaltig ansehen zu können.

W. Harms nimmt an, daß das hormonale Produkt der Keimzellen (und Sertolizellen) als Prosekret in die Interstitialzellen gelangt und dort zum endgültigen Sekret umgewandelt wird. Sind die Leydigzellen unterentwickelt, so kann das Produkt des generativen Gewebes unmodifiziert in die Blutbahn übergehen.

Erwähnt sei noch, daß Bucura die Anschauung vertritt, daß die Zwischenzellen im Ovar das spezifische Sekret speichern, ähnlich sprechen Berblinger und W. Lahm den Zwischenzellen eine Rolle bei der Hormonresorption und Abfuhr des inneren Sekretes zu. Benthin bezeichnet sie als „Umschlagstelle", M. Athias kommt auf Grund vergleichend zoologischer Studien zur Ansicht, daß im Ovar das Zusammenwirken von interstitiellem Gewebe, Follikeln und Corpora lutea die Hormonproduktion verursacht. Er stellt sich die Mitarbeit der Zwischenzellen im Ovar so vor, daß sie die Zerfallsprodukte aus den atressierenden Follikeln aufnehmen und zum Ovarialhormon verarbeiten. Diese Auffassungen gehen mit der hier skizzierten eine weite Wegstrecke zusammen, und auch in ihrem Sinne kann man von einer Lagespezifität der Interstitialzellen sprechen.

Leupold glaubt, daß die Zwischenzellen in den Säugergonaden Lipoide aus zerfallendem generativen Gewebe resorbieren, andere gleichartige Lipoide andererseits aus dem Blut speichern und den generativen Zellen als Nahrung anbieten.

Für eine gewisse Beteiligung des Keimdrüseninterstitiums an der Hormonwirkung sprechen auch Nielsens Befunde am weiblichen Kaninchen. Die Eröffnung des Uterus nach Loeb führte zur Bildung eines „Placentoms" bei Anwesenheit eines neugebildeten Corpus luteum im Ovar, zur Bildung eines sogenannten Pseudoplacentoms bei Anwesenheit optimal ausgebildeten Zwischengewebes im Eierstock, zum glatten Verschluß ohne Schleimhautreaktion nach Applikation von Extrakt aus Interstitiellen Drüsen oder Gelben Körpern. Nielsen nimmt deshalb an, daß die sogenannte Interstitielle Drüse notwendig sei für die Wirkung der epithelialen Elemente im Eierstock, oder des Corpus luteum, auf die Uterusmukosa.

Auf Grund sorgfältiger embryologischer und vergleichend anatomischer Untersuchungen kommt Y. Kitahara hinsichtlich der physiologischen Bedeutung der Zwischenzellen zu einer Anschauung, die mit der hier vertretenen weitgehend übereinstimmt. Er nimmt an, daß die Interstitialzellen „zwischen das generative Gewebe und das Soma als Vermittler eingeschoben sind. Vermittler in dem Sinne, daß sie gegenüber Stoffen, welche dem Keimplasma fremd oder im Überschuß schädlich sind, als entgiftende Schutzeinrichtungen funktionieren" . . . . „aber auch dem Soma gegenüber dürften die Zwischenzellen als Speicherer, vielleicht Umwandler, jedenfalls Vermittler von dem Soma fremden, im generativen Gewebe gebildeten Stoffe eine Rolle spielen". Kitahara führt auch die „ganz auffallende morphologische Ähnlichkeit mit den Zellen der Nebennierenrinde" als Stütze einer entgiftenden Funktion an. Den von ihm erhobenen Befund, daß im embryonalen Hoden die typischen Interstitialzellen bedeutend früher und reichlicher auftreten als im Ovar (ähnlich K. F. Bascom beim Rinderembryo), versucht er in ansprechender Weise zu erklären. Er vermutet, „daß während des embryonalen Lebens, vielleicht auch Säuglingslebens, die unter dem Einfluß der Säfte des weiblichen Organismus stehenden männlichen Keimzellen des Schutzwalls der Zwischenzellen besonders bedürfen". Im Hinblick auf die Rinderzwicke betont Kitahara, „daß . . . . nur der weibliche Rinderembryo durch den geschlechtsfremden Zwilling geschädigt wird, würde mit der Tatsache gut übereinstimmen, daß die weibliche Gonade in der entsprechenden Embryonalperiode den schützenden Wall der Zwischenzellen noch nicht besitzt". Da K. aber die biochemischen Verhältnisse nicht berücksichtigt, legt er das Hauptgewicht auf die Schutzfunktion des Keimdrüseninterstitiums gegenüber den Schädlichkeiten, die vom Körper aus an die Keimzellen herankommen, während ich mir, wenigstens unter physiologischen Verhältnissen, die Pufferung der keimepithelialen Zerfalls- und Stoffwechselprodukte wichtiger denke.

Beziehung des Zwischenzellengewebes zu ähnlichen Geweben.

Ich glaubte auf die angedeuteten Möglichkeiten etwas weiter eingehen zu dürfen, weil die histochemische Untersuchungsrichtung, in deren Arbeitsbereich sie fallen, bei weiterer Verfeinerung der Methoden recht viel verspricht. Die Annahme, daß das Keimdrüseninterstitium ein lagespezifisches Zwischengewebe sei, läßt sich aber auch aus der Überprüfung anderer Beobachtungsreihen wahrscheinlich machen. Zunächst wäre das wechselvolle gegenseitige Verhalten des generativen und interstitiellen Keimdrüsenanteils leichter verständlich, wenn wir das Keimdrüseninterstitium als eine den Gonaden zugeteilte Gruppe eines auch sonst im Organismus verbreiteten Gewebesystemes ansehen dürften. Dann würde z. B. die funktionelle Überlastung resp. Schädigung des extragenitalen Systemanteiles zur kompensatorischen Hypertrophie des Keimdrüseninterstitiums führen können, auch ohne daß in den Gonaden selbst ein Grund dazu vorhanden sein müßte. Andererseits könnte der extragenitale Systemanteil vikariierend für das Keimdrüseninterstitium eintreten, wenn dieses seinen Aufgaben nicht mehr gerecht werden kann. Befunde, die aus der bloßen Beurteilung der beiden Keimdrüsengewebsarten widerspruchsvoll erscheinen, können unter Berücksichtigung des mitspielenden dritten Faktors, des extragenitalen Verwandten des Keimdrüseninterstitiums, vielleicht geklärt werden. Welche positiven Argumente lassen sich nun für die Verwandtschaft des Keimdrüseninterstitiums mit einem auch extragenital verbreiteten Gewebesystem anführen? Es kommen da Befunde in Frage, die einerseits eine Ähnlichkeit mit reticuloendothelialen Zellverbänden, andererseits Beziehungen zur Nebennierenrinde betreffen. Die vermutlich mesotheliale Herkunft der Hodenzwischenzellen, das bindegewebige Aussehen im funktionellen Ruhestadium, die Fähigkeit zu ausgiebiger Cholesterinspeicherung (vgl. die Fälle von sogenannter Lipoidzellenhyperplasie im reticulo-endothelialen Apparat [Siegmund, Fahr und Stamm, Schultze]) und zur Phagozytose nicht nur von Farbgranula, sondern von großen Brocken untergehenden Gewebes, lassen wichtige Mesenchymreaktionen wiedererkennen. Auch die Wahrscheinlichkeit einer „Lagespezifität" des Keimdrüseninterstitiums erinnert an analoge Verhältnisse im reticuloendothelialen Apparat (Kupferzellen der Leber, Sinusendothelien der Milz). Was nun die lagespezifischen Mesenchymzellen über das gewöhnliche Bindegewebe durchaus erhebt, ist die physiologische Inanspruchnahme auch solcher Fähigkeiten, die im gewöhnlichen Bindegewebe nur latent vorhanden sind.

Hier sei auch erwähnt, daß Migaj und Petroff auf Grund experimenteller Arbeiten bei entmilzten Tieren annehmen, daß eine funktionelle Differenzierung des retikuloendothelialen Apparates bestehe (Karmin und Eisen wurden von verschiedenen Zellen gespeichert), und daß verschiedene Anteile des retikuloendothelialen Apparates kompensatorisch für einander eintreten können.

In diesem Sinne hält Brugnatelli die Interstitialzellen auf Grund seiner Gewebezüchtung von Ovarial- und Hodengewebe in vitro für eine Art der bindegewebigen adventitiellen Zellen resp. Histiozyten, die Fette und Lipoide zu speichern vermögen. Als Verwandte glaubt er die dezidualen Zellen in Uterus und Tube bei Gravidität, und extragenital histiozytäre Elemente des Omentum majus vorschlagen zu dürfen.

Lubarsch dagegen rechnet zwar die perivaskulären Spindelzellen des Hodeninterstitiums, die bei Erkrankungen Fett und Hämosiderin ausgiebig phagozytieren können, zum R. E. A., nicht aber die von ihnen scharf zu trennenden eigentlichen Zwischenzellen.

Wenden wir uns zweitens den interessanten Beziehungen zur Nebennierenrinde zu (K. M. Walker u. a.), die sich den erörterten Gedankengängen sehr gut einordnen lassen, ohne indessen zu ihrer Stütze nötig, oder andererseits von ihrer Richtigkeit abhängig zu sein. Die Autoren, die für eine histogenetische Verwandtschaft des Keimdrüseninterstitiums mit der Nebennierenrinde eintreten, nehmen eine mesotheliale Herkunft beider Gewebe an. Dem widerspricht auch keineswegs, daß die ausdifferenzierte Nebennierenrinde sich in wesentlichen Punkten von ihren angeblichen mesenchymalen Verwandten (dem Keimdrüseninterstitium und von dem R. E. A. s. str.) unterscheidet. Zunächst seien Befunde erwähnt, die nahe Beziehungen in der phylo- und ontogenetischen Entwicklung zwischen dem Mutterboden des Keimdrüseninterstitiums und dem Interrenalorgan (das bekanntlich der späteren Nebennierenrinde entspricht) wahrscheinlich machen.

Pettit untersuchte vergleichend-anatomisch die Histogenese der Nebennieren von Amphibien bis zu den Affen und deutet seine Befunde dahin, daß sich die Rinde vom Geschlechtsepithel des Zöloms, die Marksubstanz vom Sympathikusbildungsgewebe ableiten lasse (zit. nach Chvostek).

Goormaghtigh fand, daß sich beim Meerschweinchen und Kaninchen Nebennierenrindengewebe und Keimdrüseninterstitium von einer mesothelialen paramedianen Leiste als gemeinsamem Mutterboden ableiten. Nach 20 Tagen und 17 Stunden läßt sich beim Meerschweinchen die Genitalanlage hinter der Nebennierenrindenanlage zuerst identifizieren. Beim Kaninchenembryo von 21 Tagen 3 Stunden hat sich ein Teil der Keimdrüsenanlage in den kaudalen Abschnitt der Nebennierenrindenanlage so hineinverlagert, daß zwischen beiden keine merkliche Grenze zu ziehen ist. Goormaghtigh tritt deshalb für eine Ableitung der Keimdrüsenzwischenzellen von der mesothelialen Nebennierenrindenanlage ein, die die morphologische und funktionelle Ähnlichkeit beider Zellarten erkläre. Die rein bindegewebige Herkunft des Interstitiums vom Sklerotom oder seine epitheliale Histogenese von den benachbarten Geschlechtszelleisten lehnt er ab.

Am Igelembryo sind die nahen Beziehungen zwischen interrenaler und genitaler Anlage sehr deutlich; im 7,5 bis 8 mm-Stadium sind die Anlagen nur im hinteren Abschnitt voneinander zu trennen, vorn bilden sie einen gemeinsamen Komplex (Celestino da Costa).

Pézard und Caridroit berichten von zufällig entstandenen Hodentransplantaten bei einigen Hähnen, die unvollkommen kastriert worden waren. Die histologische Untersuchung zeigte ein Hineinwuchern von Nebennierengewebe in diese Testikeltransplantate, andererseits die Anwesenheit von Samenkanälchen im Innern der Nebenniere. Aus der ontogenetischen Verwandtschaft erklären Pézard und Caridroit, daß die Bezirke der dislozierten Gewebsarten noch ein Jahr post op. Anzeichen funktioneller Tätigkeit aufgewiesen haben sollen.

Bei Mißbildungen ohne Keimdrüsen fehlen nach F. Chvostek meist auch die Nebennieren.

B. Brutschy beschreibt einen Fall von Pseudohermaphroditismus masculinus externus (Hypospadia penis-scrotalis mit doppelseitigem Kryptorchismus). Bei dem 14tägigen Säugling wurde hochgradige Hyperplasie beider

Nebennieren (die Kalkherde enthielten) und ein akzessorisches Interrenalkörperchen zwischen Corpus Highmori und Ductus deferens gefunden.

Das Vorkommen akzessorischer Nebennieren zwischen Hoden und Epididymis ist nach Exner in der Literatur mehrfach erwähnt.

C. Benda fand unter zwei Fällen von „Pseudothelie" beim männlichen Geschlecht, die beide fötale Hoden mit reichlich Leydigzellen besaßen, einmal im Hodeninterstitium sehr lipoidreiche Zellhaufen, die er selbst als versprengtes Nebennierengewebe ansieht, während sie Lubarsch für einen Zwischenzelltumor, L. Pick für Corpora lutea hielt.

Der Tumor der Nebennierenrinde, der oft bei Hypertrichosis resp. Virilismus der Frauen gefunden wurde, ist nach Ansicht von K. Krabbe gelegentlich auf versprengte Teile der ursprünglichen Keimdrüsenanlage zurückzuführen. Er nimmt mit A. Kohn an, daß der Eierstock physiologischerweise bisexuell angelegt sei, indem die Ovarialrinde die Follikel enthält, das Mark aber einen unentwickelten maskulinen Anteil darstellt. Das in die Nebenniere versprengte Keimdrüsengewebe soll nun dem maskulin angelegten Ovaranteil angehören, so daß nicht Nebennierenhyperfunktion, sondern die innere Sekretion heterologen Keimgewebes den Virilismus hervorrufen soll.

H. Claude berichtet an Hand eines Falles über rudimentäre Formen von Virilismus, die er als „Wolffschen Virilismus" bezeichnet, weil sie durch primäre Luteinzellwucherung im Eierstock mit sekundärer Reizreaktion der ihnen embryogenetisch verwandten Nebennierenrinde angeblich zustandekommen sollen.

Andere Arbeiten machen funktionelle (Meckel), offenbar synergetische Beziehungen wahrscheinlich.

M. G. Ssérdjukoff fand nach ein- oder beidseitiger Zerstörung der Nebennierenrinde Hyperämie und Vergrößerung der interstitiellen Zellen im Eierstock und bei Exstirpation beider Ovarien histologische Anzeichen einer Hyperfunktion der Nebennierenrinde. Er nimmt einen Funktionssynergismus der Nebennierenrinde, des Parenchyms der Interstitiellen Drüse und des Corpus luteum an. Daß diese drei Gewebe lipoidführend sind, scheint ihm die Deutung seiner Versuchsergebnisse zu stützen.

Jaffé und Marine fanden bei 17 Kaninchen, die die doppelseitige Nebennierenexstirpation länger als einen Monat, z. T. über zwei Monate lang, ertrugen, in 24 Proz. keine, in 47 Proz. eine mäßige, in 29 Proz. eine sehr starke Vergrößerung und Gewichtsvermehrung der Ovarien. Mikroskopisch zeigten sich diese durch Vermehrung und Vergrößerung der luteinhaltigen Zwischenzellen hervorgerufen. Die Hypertrophie des Interstitiums fassen die beiden Autoren als kompensatorisch auf. Hoden reagieren auf Suprarenalektomie nicht, weshalb die Autoren die Testikelzwischenzellen für funktionell verschieden von denen des Eierstockes halten.

J. T. Lewis entfernte 400 Ratten beide Nebennieren vom Rücken her. 20—40 Proz. starben, an den überlebenden konnte er normale Befruchtung, Gravidität und Geburt beobachten (ähnlich Christofoletti); Novack berichtet über normale Ovulation und Corpus luteum-Bildung selbst nach frühzeitiger beidseitiger Suprarenalektomie. Die Befunde erklären sich wohl aus dem bei Ratten sehr beträchtlichen akzessorischen Nebennieren-Rindengewebe.

Guieyesse deutet seine Befunde in der Nebennierenrinde bei graviden Meerschweinchen im Sinne erhöhter Tätigkeit der Zona fasciculata. Hultgren und Andersson glauben, daß Kaninchenkastraten die Suprarenalektomie besser vertragen als intakte Tiere (zit. nach Chvostek), was dann der Annahme eines Synergismus widerspräche.

Leupold fand beim Menschen und in Tierversuchen besonders deutliche Beziehungen zwischen Nebennieren und Hoden (weniger sichere auch zwischen diesen und den Ovarien), so in bezug auf Größe, Gewicht und relativen Cholesteringehalt. Der relative Cholesteringehalt in Hoden und Nebennieren geht zwar parallel, der Hoden zeigt jedoch einen absolut kleineren und konstanteren Gesamtcholesteringehalt. Die Menge des Gesamtcholesterins ändert sich nach Leupold auf Grund von Schwankungen im Cholesterinestergehalt. Er glaubt, daß die Nebennierenrinde durch ihren Cholesteringehalt entgiftend wirkt (vgl. L. Asher, Bonneamour, L. Karoliny, Landau, Loewenthal) und außerdem den Cholesteringehalt im Keimdrüseninterstitium reguliert.

Die Zwischenzellen hält Leupold für trophische Hilfsorgane, die Lipoide aus dem Blut zu speichern. Die Lipoide dagegen, die sie aus zerfallenden Samenzellen resorbieren, werden zum Wiederaufbau des generativen Gewebes nicht nochmals verwendet, sondern ins Blut abgegeben und können dadurch den Cholesteringehalt der Nebennierenrinde zeitweilig erhöhen.

Leupold prüfte auch an Kaninchen und Katzen die Wirkung der Hypocholesterinämie und Nebennierenentfernung auf die Keimdrüse. Nach Nebennierenexstirpation degeneriert das samenbereitende Hodengewebe, beim Weibchen betrifft die Schädigung im Ovar Ei und Follikelepithel, die Theka interna wuchert zwischen die Granulosazellen. Das Auftreten besonders reichlicher Lipoide, vor allem von Cholesterinestern im Eierstock post operationem, dürfte mit dem Untergang des generativen Gewebes zusammenhängen. Die totale Suprarenalektomie wirkt allerdings nicht lediglich infolge der Cholesterinverarmung schädigend auf die Keimdrüse, denn Cholesterinzufuhr post operationem konnte die Gonaden nicht schützen. Bei Hypocholesterinämie, die durch Fütterung der Tiere mit Thyreoidintabletten oder durch Injektion von Bakterientoxinen herbeigeführt werden konnte, sind Nebennieren und Ovarien lipoidarm. Im Eierstock fällt vermehrte Follikelatresie auf, das Bild des Ovars gleicht dem nach Röntgenschädigung — die Libido soll vermindert sein.

Chauffard, Guy Laroche und Grigaut weisen in ihren Untersuchungen über den Cholesterinstoffwechsel darauf hin, daß Nebennierenrinde und Corpora lutea des Ovars diesbezüglich eine wichtige Rolle spielen (besonders in der Gravidität). Sie fanden, daß das Kind in utero von der Mutter Cholesterin bezieht (durch Vergleich des Cholesteringehaltes der Nabelgefäße und als Kontrolle der Plazenta- und Amnionflüssigkeit).

A. Watson fand eine Verbreiterung der Nebennierenrinde und eine Erhöhung des Lipoidgehaltes bei männlichen brünstigen Maulwürfen (März bis April). Aus dem deutlichen Parallelismus zur Spermatogenese schließt er, daß die Nebennierenrinde in der Brunst mehr Lipoidstoffe speichert, um den Verbrauch dieser Substanzen bei der lebhaften Samenbildung zu decken.

Leupold fand beim Maulwurf in der Brunstzeit einen konstanten Cholesteringehalt im Hoden, davon nur Spuren in Form der Cholesterinester. Die Spermiogenese sistiert bei dem Tier unterhalb des niedrigsten normalen Cholesterinblutspiegels.

Stilling fand beim Kaninchenmännchen höhere Nebennierengewichte in der Brunst. Beim Frosch analog erhebliche Unterschiede während der Paarungszeit.

G. Scala beobachtete nach Totalkastration bei den meisten Kaninchen, besonders den weiblichen, in der Nebennierenrinde eine Vermehrung der lipoiden und siderophilen Zellen, die für eine gesteigerte Tätigkeit zu sprechen scheinen.

Bei gesunden Tauben vergrößert sich das Nebennierengewicht zur Zeit der Eiabstoßung und der damit einhergehenden Eileiterhypertrophie. Leiden die Tiere an Tuberkulose oder Askaridiasis, so sind die Nebennieren schon infolge dieser Affektionen vergrößert, so daß der berichtete Parallelismus verdeckt wird (O. Riddle).

In einer späteren, mit T. Minoura gemeinsam ausgeführten Arbeit wurden 15 Tauben mehrmals nacheinander ganze Nebennieren subkutan eingepflanzt. Das Körpergewicht und das der eigenen Nebennieren der Tiere sank. Die Hoden wurden schwerer, die Eierstöcke leichter. Die behandelten Weibchen wurden früher geschlechtsreif als Kontrolltiere. Die Verfasser glauben aus ihren Befunden im Sinne Varaldos und Krabbes auf einen Antagonismus zwischen Ovarium und Nebenniere schließen zu dürfen. Meiner Meinung nach ist es bei diesen unphysiologischen, rein quantitativen Untersuchungen Geschmacksache, ob man den Befund einer umgekehrten Proportionalität als antagonistisch oder kompensatorisch deuten will. Mich bestimmen eine Reihe anderer bereits erwähnter Befunde, die letztere Beziehung für wahrscheinlicher halten.

Leupold fand bei mäßiger Atrophie menschlicher Hoden reichlich Cholesterinester in der Nebennierenrinde (Fasciculata), keine Cholesterinester in den Leydigschen Zwischenzellen. Bei höheren Graden der Atrophie fand sich in der Nebennierenrinde nur wenig doppelbrechende Substanz.

L. Castaldi bestätigt, daß die Nebenniere bei Gravidität hypertrophiert, und zwar vor allem die Rinde. Nach E. Wehefritz zeigen die Nebennieren (701 Untersuchungen) in der Gravidität ebenso wie die Ovarien (730 Fälle) und Schilddrüsen (529 Fälle) ein höheres Durchschnittsgewicht. Schon bei Menstruation soll dieses Verhalten zu beobachten sein (H. Schröder).

Die Nebennierenrinde hypertrophierte nach den Untersuchungen Matsuyamas außer bei Kastration und Gravidität auch bei einseitig kastrierter Parabiose beim intakten Partner, bei Vereinigung von intakten Männchen und Weibchen in beiden Parabionten.

E. Hewer versuchte durch Fütterung getrockneter Nebennieren (oder deren Lipoidextrakt) bei Ratten Veränderungen zu erzielen. Das Allgemeinbefinden blieb unverändert. Bei längerer Applikation wurde die Keimdrüse geschädigt (Degenerationserscheinungen an Samenkanälchen resp. Graafschen Follikeln, dabei Lipoidarmut des Interstitiums). Die Nebennieren sollen besonders beim Weibchen beschleunigte Zellneubildung zeigen. Inokulation von Nebennierenpräparaten hatte ähnliche uncharakteristische Folgen.

H. Walter stellte fest, daß die Verringerung des Ovargewichtes bei Menopause, chronisch-tuberkulösen und chronisch-eitrigen Erkrankungen keine Nebennierenatrophie nach sich zieht, was m. E. gar nicht zu erwarten war (vgl. Hypertrophie der Nebennierenrinde nach Kastration).

R. C. Moore fand nach Kastration Gewichtsverminderung, u. a. auch der Nebennieren. Diese war beim Männchen ausgesprochener, aber auch bei weiblichen Tieren vorhanden. Es dürfte sich nur um eine gewisse Beteiligung der Nebennieren an der allgemeinen Gewichtsverminderung post op. handeln. Verschiedene Autoren (in diesem Jahre H. Altenburger) bestätigen die Hypertrophie der Nebennieren, besonders der Rinde, nach Kastration entgegen Moores Befund.

Erwähnt sei schließlich, daß nach den Untersuchungen von Houssay und Lewis, Y. Tokumitsu u. a. die Lebenswichtigkeit der Nebenniere auf der Unentbehrlichkeit der uns hier allein interessierenden Nebennierenrinde beruht — für das chromaffine Gewebe des Markes läßt sich aus dem Erfolg der totalen Suprarenalektomie nichts erschließen, weil noch außerhalb der Nebennieren chromaffines Gewebe im Körper zurückbleibt.

Heute läßt sich noch nicht entscheiden, ob wir als wichtigere Ursache für die geschilderten Beziehungen die histogenetische Verwandtschaft der Nebennierenrinde mit dem Keimdrüseninterstitium anzusehen haben, oder ihr funktionelles Zusammenspiel.

Das Problem der Keimdrüsenfunktion wird noch von anderer Seite mit ermutigenden Ergebnissen angegangen. Die Beobachtung der Keimdrüsen bei Allgemeinerkrankungen hat, wie bereits erwähnt wurde, ergeben, daß nur chronische Krankheiten eine wesentliche Schädigung des generativen Gewebes hervorrufen, daß aber eine Zwischenzellwucherung sowohl bei akuten, wie bei chronischen Erkrankungen die Regel ist. Nur beim Greise beeinträchtigen auch akute Erkrankungen die Spermiogenese evtl. ohne gleichzeitig zur entsprechenden Zwischenzellreaktion zu führen. Noch engere Beziehungen zu unserem Thema haben die Arbeiten, die das Verhalten der Keimdrüsen bei krankhaften Veränderungen an den Genitalorganen (des Weibes) studierten. Bei Blasenmole (Lahm, M. Peukert, Seitz, Stöckel, Wallart u. a.), Chorionepitheliom (Fränkel, Lahm, Pick u. a.), Hyperplasia mucosae uteri (fungosa) (Lahm, Pankow), Myohyperplasia diffusa uteri (E. Schröder) und Uterusmyom (Hegar, Katz, E. Kehrer, Lahm, Lauth, A. Meyer, R. Meyer, Seitz 1911, Schickele, E. Schneider, Treuholme, Veit) zeigen die Ovarien-Vermehrung der Follikelatresie und des Thekalutein-Gewebes. Eine eingehendere

Beschreibung der Verhältnisse im Eierstock bei Myoma uteri findet sich in einer noch unveröffentlichten Arbeit, die ich auf Anregung und unter Leitung von Herrn Prof. Lahm in der Staatlichen Frauenklinik Dresden (Direktor: Geh.-Rat E. Kehrer) ausführen durfte. Mag man die Reaktion des Zwischengewebes noch so skeptisch beurteilen, so scheint doch gesichert, daß ein ungewöhnliches Verhalten der typischen Interstitialzellen als Zeichen einer hormonalen Dysfunktion der Keimdrüsen gewertet werden darf, gleichgültig, ob man diese unmittelbar den veränderten Thekalutein-Zellen zur Last legen will, oder ob man die Zwischengewebsreaktion lediglich als Indikator einer Keimzellenschädigung auffaßt.

Bei dieser vorsichtigen Formulierung können wir auch die Rolle des oben angedeuteten dritten Faktors, des extragenitalen (cholesterinführenden) Pufferungsgewebes, vernachlässigen, da sein Abweichen von der Norm mit einer Keimdrüsendysfunktion stets verknüpft sein dürfte.

Auch einige Parabioseversuche an Ratten haben bedeutsame Beiträge zur Frage der Keimdrüsensekretion und der Zwischenzellfunktion geliefert (N. Goto, R. Matsuyama, N. Yatsu). Gegen Steinach spricht der Befund, daß bei Parabiose eines Kastraten mit einem intakten männlichen oder weiblichen Tier der Kastrat geschlechtshormonal unbeeinflußt blieb, während das intakte Parabiosetier eine charakteristische Veränderung seiner Gonaden erlitt. Das Keimdrüsenhormon des einen Parabionten vermochte die Geschlechtsmerkmale des kastrierten anderen weder auszubilden noch zu erhalten, dagegen bewirkte die Änderung des innersekretorischen Milieus auch bei ursprünglich normalen weiblichen Parabiosetieren eine überstürzte Verausgabung mit nachfolgender Schädigung der Ovarien. Demzufolge zeigte der intakte weibliche Parabiont im Frühstadium eine Hypertrophie des Uterus und der Mammae, im späteren Stadium deutliche Atrophie der Geschlechtsorgane. Der Hoden des unkastrierten männlichen Parabionten hypertrophiert und seine Prostata und Samenblase vergrößern sich.

Die Parabiose eines intakten Männchen mit einem intakten Weibchen ergibt eine primäre Schädigung der Keimdrüsen. Der Hoden degeneriert nach einer anfänglich verbesserten Größen- und Gewichtszunahme, das Ovarium zeigt zunächst beschleunigte Follikelreifung, dann kommt es zu vermehrter Follikelatresie und Zystenbildung. Die sekundären Geschlechtsmerkmale atrophieren dann mit zunehmender Schädigung der Gonaden. Werden zwei intakte Weibchen miteinander verbunden, so kann trotzdem bei einem oder beiden Schwängerung erfolgen, der nichtschwangere Partner zeigt manchmal auch geringe Graviditätserscheinungen an Brustdrüse, Nebenniere, Hypophyse und Schilddrüse. Einmal gelang Schwängerung der Partnerin eines Männchens, dessen Brustdrüsen sich nicht verändert erwiesen (die Gravidität wurde vorzeitig unterbrochen).

Morpurgo fand bei Parabiose eines nichtgraviden Weibchen mit einem Männchen bei beiden Tieren die Mammae normal entwickelt.

Yatsus Befunde nach Parabiose bei Albinoratten weichen von denen Matsuyamas insofern ab, als bei der Vereinigung eines intakten Männchen und Weibchen der männliche Partner völlig normal blieb und durch Kopulation 134 Tage post op. einen normalen Wurf erzeugte. Der weibliche Parabiont zeigte regressive Veränderungen der Follikel im Ovar, dagegen keine merkliche Schädigung des Uterus. N. Gotos Ergebnisse stimmen mit denen Matsuyamas und Yatsus bezüglich der Schädigung der Eierstöcke überein.

Sekundäre Uterusschädigung fand Goto ähnlich wie Yatsu. Bei Vereinigung zweier kastrierter Weibchen schien die Parabiose die Gebärmutteratrophie stark zu beschleunigen. Goto glaubt, daß im Blut der Kastraten eine qualitativ neue oder quantitativ veränderte unbekannte Substanz kreise, die den intakten Partner schädigt.

Die Hodenhypertrophie des unkastrierten Parabionten, der mit einem Kastraten vereinigt ist, kommt vermutlich in ähnlicher Weise zustande, wie die Hypertrophie eines Testikels nach Entfernung des anderen (Lipschütz u. a.) im gleichen Tier. Man muß sich wohl vorstellen, daß die Keimdrüsen des intakten Parabionten bemüht sind, einen gewissen Hormonspiegel im Blut aufrecht zu erhalten. Infolge der Kreislaufkommunikation mit einem Kastraten verteilt sich nun das Hormon der eigenen Gonaden auf die Blutmenge beider Tiere, und es werden die Keimdrüsen des intakten Parabionten dieser Art zur doppelten Leistung gezwungen. Dies können offenbar die Testikel mit Hilfe einer „Hypertrophie" ohne ernstere Schädigung durchführen, das Ovar dagegen zeigt sich der neuen Anforderung nur kurze Zeit gewachsen. Eine gewisse allgemeine Schädigung beider Partner durch die körperfremden Blutbeimengungen ist daneben durchaus wahrscheinlich.

In gewisser Analogie zu der Implantation weiblicher Organe in den Hoden hat T. Minoura in etwa 100 Fällen (neben homologen) auch heterologe Organe auf die Chorio-allantois-menbran des Hühnereies verpflanzt. Er verpflanzte in erster Linie Keimdrüsengewebe, zur Kontrolle außerdem Thymus, Schilddrüse, Leber, Niere, Milz. Die Gefäßverbindung zum Implantat entwickelte sich in den ersten 24 Stunden. Hoden wuchsen stärker als Eierstöcke, die anderen Organe wuchsen schlechter. Die Implantate pflegten auf das 3—10fache anzuwachsen. Von 187 überlebenden Tieren mit Keimdrüsentransplantat waren 30 deutlich intersexuell, 58 Fälle waren etwas in diesem Sinne modifiziert; die Einpflanzung anderer Organe war wirkungslos. Die Beeinflussung geschah auf dem Blutwege, da in allen positiven Fällen gute Vaskularisation des Implantats bestand. Im Sinne der Intersexualität waren auch die eigenen Keimdrüsen des Wirtes und seine Geschlechtsgänge (Müllerscher, Wolffscher Gang) modifiziert. T. Minoura schließt daraus, daß die Keimdrüsen spezifische Hormone produzieren, die sämtliche Differentiae sexuales regulatorisch beeinflussen. Er sieht in seinen Befunden eine Stütze der Auffassung Lillies über das hormonale Zustandekommen der Zwicke beim Rind.

Beteiligung des Zwischenzellengewebes an den Brunstvorgängen.

Nun wollen wir uns den zahlenmäßig überwiegenden Untersuchungen zuwenden, die kaum neue Gesichtspunkte, wohl aber wertvolles neues Tatsachenmaterial beibringen. Unter den Arbeiten, die die Keimdrüsenverhältnisse und die Ausbildung der Geschlechtsmerkmale bei den verschiedenen Tieren beschreiben, sind vor allem diejenigen aufschlußreich, die von Tieren mit sexuellem Saison-Dimorphismus handeln (Courrier). An diesen ließ sich nämlich zeigen, daß die höchste Ausbildung des Zwischengewebes, sogar bei nahverwandten Arten (Stieve u. a.) einerseits in die Zeit der Geschlechtsruhe fällt, andererseits mit der Ausbildung des generativen Gewebes parallel gehen kann. Analog scheint sich die periodische Betonung der Geschlechtsmerkmale während der Brunst einesteils mit der optimalen Ausbildung des generativen Keimdrüsenteils zu decken, in anderen Arten mit der des Interstitiums.

Die Verhältnisse im Ovarium des Rindes ähneln denen beim Menschen (W. F. van Beek). M. Athias untersuchte Ovarien der Meerschweinchen, Fledermäuse, Dachse, Wiesel, Füchse, Ziegen, Katzen, Stachelschweine, Igel, Haselmäuse. Lenninger berichtet über die Verhältnisse im Hoden bei Eber, Hengst, Kater (sehr gut ausgebildetes interstitielles Gewebe); Reh, Gemse,

Hund (gut entwickeltes interstitielles Gewebe): Stier, Ziegenbock, Widder (schlechter Bestand an interstitiellem Gewebe).

Das verschiedene Verhalten des Zwischengewebes zeigt die Beobachtung der Fledermäuse Vesperugo pipistrellus und Rhinolophus ferrum equinum.

Es zeigt sich bei ihnen nach Courrier: bei beiden Arten sistiert im Winter die Spermiogenese. Bei Rhinolophus ruhen auch die Zwischenzellen und die sekundären Geschlechtsmerkmale (Anhangsdrüsen); bei Vesperugo dagegen sind die Interstitialzellen tätig, die Anhangsdrüsen sezernieren. Im Frühling beginnt die Samenbildung, darauf bilden sich bei Vesperugo sowohl die Zwischenzellen wie die Anhangsdrüsen zurück.

Seine optimale Ausbildung fällt bei Rana fusca, Rana viridis, Hyla arborea, Bufo vulgaris in die Brunstzeit, dagegen bei Rana esculenta auf die Zeit des Sistierens der Spermatogenese (Champy).

Optimale Ausbildung des Zwischengewebes in der Zeit der Geschlechtsruhe ist außerdem beschrieben: beim Stichling (Courrier), der Eidechse Lacerta muralis (Reiß), der Fledermaus Vesperugo pipistrellus, ähnlich bei Vespertilio murinus, Rhinolophus hipposideros (Courrier), dem Maulwurf (Stieve, Regaud, Lécaillon, Tandler und Grosz).

Höchste Entwicklung des Zwischengewebes zur Zeit der stärksten Funktion des Keimgewebes wurden gefunden beim Gänserich (Stieve), beim Buchfink [„Combassou"] (J. Benoit).

Die periodische Betonung der Geschlechtsmerkmale im Sinne der Brunst fällt mit der optimalen Ausbildung des generativen Keimdrüsenanteils zusammen bei der Hausmaus, dem Maulwurf, Eichhörnchen, Rehböckchen, den Hirschen (Stieve), Hahn (Boring, Pearl und Pézard), Goldfasan (Pézard).

Erwähnt sei, daß Stieve große Mengen Interstitialzellen beim Maulwurf, Hauseber und Wildeber gefunden hat; wechselnden Bestand beim Hauskater, schlechte Entwicklung des Interstitiums beim Dammhirsch, Rehbock, Eichhörnchen.

Die Brunsterscheinungen decken sich mit optimaler Ausbildung des Interstitiums beim Murmeltier (Hansemann und Ganfini), Eber, Kater, Igel (Marshall, Rasmussen); bei Fischen: Callionymus lyra, Hemichromis bimaculata, Gasterosteus acculeatus, Gobius, Cottus, Girardinus denticulatus (Courrier); Triton cristatus (M. Aron), Eidechse Lacerta muralis, Fledermäusen (Courrier); Rehen (Lenninger).

Ähnlich dem Hodenzyklus des Maulwurfs liegen die Verhältnisse im Testikel der Blindschleiche (A. Dalcq).

Courrier brachte Gasterosteus acculeatus (Stichling) während $1^1/_2$ Wintermonaten in künstlich geschaffene Sommerverhältnisse bezüglich Wassertemperatur und Nahrung. Er erzielte eine Umwandlung des Hodens, der dem brünstigen der Sommermonate glich. Nur die im Testikelbindegewebe liegenden Zellgruppen, die sich im Sommer während der Brunstzeit zu einer ansehnlichen Drüse entwickeln, blieben im winterlichen Ruhezustand. Da die Nierentätigkeit (Schleimabsonderung zur Brunstzeit) und die Bauchfärbung (rot bei Brunst) fast unverändert im geschlechtsindifferenten Winterzustand blieben, neigt Courrier dazu, die sekundären Geschlechtsmerkmale bei Fischen für unabhängig vom generativen Gewebe anzusehen.

Bei den Urodelen geht die Ausbildung der sekundären Geschlechtsmerkmale (z. B. Hochzeitskleid) nach der Pubertät einher mit der Ausbildung eines mächtigen fetthaltigen Drüsengewebes im Testikel. Bei Triton cristatus hat M. Aron dieses Drüsengewebe mit dem Galvanokauter zerstört. Da sich daraufhin das Hochzeitskleid vollständig zurückbildete, und das übrige Hodengewebe (Sertolizellen, Samenkanälchenepithel) bei der Kauterisation nicht geschädigt worden sein soll, kommen Ancel, Bouin, M. Aron entgegen Champy zu der Annahme, dieses fettspeichernde Zwischengewebe bedinge die Erhaltung der Sexuscharaktere resp. des Hochzeitskleides. Champy findet kein Parallelgehen der Entwicklung der Interstitiellen Drüse („Tissu adipeux") mit der Ausbildung der sekundären Sexusmerkmale — er fand beim Triton ein Hochzeitskleid trotz Abwesenheit interstitieller Zellen, umgekehrt waren diese öfters nachweisbar, wenn ein Hochzeitskleid fehlte.

M. Aron glaubt, daß bei Urodelen (z. B. Triton cristatus) durch Wucherung und Umbildung der Sertolizellen ein endokrines Drüsengewebe entsteht, das zuerst die Spermien ernährt, dann durch Umkehr der Sekretionsrichtung mit dem gleichen Produkt die Ausbildung der Geschlechtsmerkmale bewirke. Champys Einwände widerlegt er nicht (Romeis).

Champy vermißt bei Stichling und Ellritze Beziehungen zwischen dem Auftreten des Hochzeitskleides und dem der Zwischenzellen. Gegenüber Courrier und Benoit hält er die Zwischenzellen bei Fischen und Vögeln für nicht vergleichbar mit denen der Säugetiere.

Romeis weist wohl mit Recht darauf hin, daß die optimale Ausbildung der sekundären Sexuscharaktere bei der Fledermaus, die nicht gleichzeitig mit der optimalen Entwicklung der samenbereitenden Zellen einsetzt, auf die in dieser Periode im Nebenhoden angehäuften Spermien zu beziehen sein dürfte.

Beachtung scheinen mir die Verhältnisse beim Maulwurf zu verdienen. Dort verbindet sich die periodische Betonung der sekundären Sexuscharaktere mit der optimalen Ausbildung des generativen Keimdrüsenanteils (Stieve), soweit mir bekannt ist ohne Zwischenzellwucherung, und mit einer Hypertrophie der Nebennierenrinde (A. Watson). Erinnern wir uns der von anderen Gedankengängen her nahegelegten synergetischen Beziehung zwischen Nebennierenrinde und Keimdrüseninterstitium, so werden wir an die Möglichkeit denken, daß beim Maulwurf die beiden cholesterinspeichernden Pufferungsgewebe mit anderer Arbeitsteilung zusammenarbeiten.

W. Lahm hat durch perorale Verabreichung u. a. eines neuen Organpräparates „Neosex Dr. Scheuer“ beim Meerschweinchenmännchen gesteigerte Sexualität hervorgerufen, die durch sorgfältige klinische Beobachtung zu diagnostizieren sein soll. Die anatomische Untersuchung beruhte auf dem Vergleich des einen vor Versuchsbeginn exstirpierten Hodens mit dem zweiten belassenen Testikel, der nach Neosexbehandlung und der klinischen Beobachtungsperiode herausgenommen wurde. Es zeigte sich, daß der gesteigerten Sexualität histologisch eine gesteigerte Spermatogenese — vielleicht mit gesteigertem Zerfall — und eine entsprechende Zwischenzellvermehrung entsprachen. Kontrollversuche schließen aus, daß die nach jeder Semikastration am restlichen Testikel erfolgenden Veränderungen auf Neosexwirkung bezogen wurden. Es zeigte sich im übrigen, daß weder die Hypertrophie oder Atrophie der Samenketten, noch der Zwischenzellen isoliert einen Rückschluß auf das klinische Verhalten gestatten. Irgendeine Proportionalität zwischen dem quantitativen Verhalten von generativem und interstitiellem Gewebe wurde vermißt, doch werden „bestimmte Abhängigkeitsverhältnisse“ angenommen und im Sinne einer Hormonspeicherung und -modifizierung durch die Zwischenzellen gedeutet.

Da es sich immer deutlicher herausstellt, daß die Beziehungen zwischen generativem und interstitiellem Keimdrüsengewebe recht wechselvoll sind und mit den meisten der bisherigen Antizipationen recht schlecht harmonieren, läßt offenbar der Eifer zunehmends nach, diese Zusammenhänge zu interpretieren, man beginnt, sich mit der Annahme einer trophischen und resorptiven Funktion zu begnügen (im Anschluß an Plato, Friedmann, Kyrle u. a.).

Ich halte diese Deutung für zum mindesten einseitig und nicht für erschöpfend.

Tiedje bezeichnet die Zwischenzellen als Stoffwechselapparat des Hodens. Stieve spricht in einer Arbeit aus dem Jahre 1923 von der Möglichkeit, daß den Zwischenzellen noch eine andere Funktion zukomme als ihre trophische Tätigkeit.

H. B. Fells Auffassung sei hier noch skizziert, die er u. a. an Hand der Zwischenzellbefunde im Hoden zweier intersexueller Schweine, im Testikel von fünf zweijährigen Hengsten, einem Kater und einem kryptorchen Meerschweinchen entwickelte. Er nimmt neben einer innersekretorischen auch eine trophische Zwischenzellfunktion an. Für letztere spricht erstens die Fettspeicherung bei Winterschläfern im Frühjahr, die anscheinend die frühsommerliche Spermiogenese vorbereitet, zweitens die Verminderung der Zwischenzellen an Zahl und Größe mit zunehmender Ausbildung des generativen Gewebes, drittens die Speicherung von Fetten und Lipoiden in den Interstitialzellen. Werden die Keimzellen geschädigt, degenerieren sie oder sind sie unterentwickelt, dann kommt nach Fell die Hypertrophie des Interstitiums dadurch zustande, daß die Zwischenzellen für die ernährenden Substanzen, die sie unentwegt aus dem Blutstrom schöpfen, keinen Abnehmer finden und gewissermaßen auf ihrem Fett- und Lipoidvorrat sitzen bleiben. Chemische Verhältnisse, die dieser Anschauung nicht günstig sind, seien hier nicht nochmals zusammengestellt (vgl. u. a. die Beobachtungen von Berberich, Jaffé und Lotze). Fells Deutung der Zwischenzellenhypertrophie nach Keimzellenschädigung setzt m. E. im übrigen eine kaum glaubliche Anpassungsunfähigkeit des Keimdrüsenzwischengewebes voraus.

Wie wenig die obigen Deutungen zu befriedigen vermögen, ergibt sich weiterhin aus den Beobachtungen an der Zwicke des Rindes, in deren Hoden ein stark entwickeltes Zwischengewebe auffällt, das nicht nur mit der Ernährung, sondern auch mit einer Resorption atrophischer männlicher Keimzellen nichts zu tun haben dürfte, weil solche, soweit wir wissen, gar nicht auftreten (B. Willier). Die Fähigkeit der Zwischenzellen zu phagozytärer Aufräumarbeit berechtigt andererseits ebensowenig zu einem Schluß auf ihre normale Tätigkeit, als dies z. B. bei den ebenfalls phagozytierenden Alveolar-„epithelien“ der Lunge (vgl. Westhues) erlaubt ist. Berberich und Jaffé erklären sich gegen die trophische Funktion des Hodeninterstitiums (ebenso Berblinger u. a.) mit dem Hinweis auf die starke Ausbildung der Zwischenzellen im embryonalen Leben, und in der Kindheit vor Beginn jeglicher Spermiogenese. Auch B. F. Kingsbury glaubt, daß die Entwicklungsweise der Zwischenzellen gegen ihre trophische Funktion spricht.

E. Oppermann und R. Jaffé fanden im kindlichen Hoden und K. Sorg beim jungen Rinde die Lipoide in den Zwischenzellen viel frühzeitiger als in den Samenzellen auftreten, was ihnen mit der trophischen Funktion schlecht zusammenzupassen scheint. Gegen eine resorptive Funktion spricht das wohl erst recht. Im kindlichen Hoden finden wir übrigens auch die chemische Verschiedenheit der Lipoide bereits als Gegengrund.

Y. Kitahara hat neben eigenen Befunden eine gute Auswahl von Beobachtungen aus der Literatur zusammengestellt, die gegen eine (wesentlich) trophische Funktion des Keimdrüseninterstitiums sprechen.

T. Kudo berichtet vom Meerschweinchen, Schaf und Schwein, daß schon in ganz frühen embryonalen Stadien (nota bene nach erkennbarer geschlechtlicher Differenzierung! [ebenso K. F. Bascom und W. F. van Beek beim Rinderembryo] entgegen Bouin und Ancel) interstitielle Hodenzellen erkennbar sind, die Fetttröpfchen enthalten und zur Blutbahn innige Beziehungen zeigen (ähnlich beim infantilen Haushahn [J. Benoit]). Kurz vor und nach der Geburt sind sie relativ spärlich.

Erwähnt seien noch die Versuche, durch Fütterung oder Injektion von Keimdrüsenextrakten geschlechtsspezifische Wirkungen auszulösen. Die parenterale Applikation hat interessante, natürlich vorübergehende Folgen gezeitigt. Jedoch sind die Ergebnisse keineswegs eindeutig. Es ließ sich nicht feststellen, ob das unbekannte wirksame Prinzip der Extrakte geschlechtsspezifisch ist, selbst die Möglichkeit war nicht auszuschließen, daß die parenteral eingeführte unspezifische Eiweißfraktion die Hauptrolle gespielt habe (vgl. P. Esch, Zondek).

Die parenterale Applikation von Ovarialextrakten halten Esch und Zondek lediglich für eine unspezifische Proteinkörpertherapie.

Subkutane Injektion von Liquor folliculi des Schweins und von in Öl gelösten Follikelinhaltextrakten erzeugte nach länger fortgesetzter Kur bei weiblichen Frühkastraten (Ratten, Mäusen) Ausbildung der sekundären Geschlechtscharaktere, bei Spätkastraten typische Brunst und maximale Hyperplasie des Genitaltraktes; gravide und männliche intakte Ratten und Mäuse wurden auch durch große Dosen nicht beeinflußt, die Spermiogenese sistierte nicht. Verfütterung der Substanz, parenterale Applikation der Extrakte aus dem menstruellen sowie Schwangerschafts-Corpus luteum und die Verwendung der Ovarialextrakte des Handels waren erfolglos (Allen, Edgar und Eduard A. Doisy und B. F. Francis und H. V. Gibson und L. L. Robertson und C. E. Colgate und W. B. Kountz und C. G. Johnston), (Doisy, Edward und Edgar Allen und J. O. Ralls and C. L. Johnston), (Allen, E.).

A. Weil injizierte Ovarialopton einer Primipara mit unterentwickelten Brüsten; er sah vorübergehend Erfolg.

Injektion von Ovarialzysteninhalt (gefiltert und roh) erzeugt beim Meerschweinchen eine solche Kongestion zum ganzen Genitaltraktus, daß er sich, wie zur Brunstzeit, verändert (G. N. Papanicolaou und N. F. Blau).

Plazentaopton und Ovarialopton gravider Tiere soll durch Hemmung der Follikelreife in den meisten Fällen für einige Zeit gewirkt haben.

Hypertrophie und Hyperplasie der virginellen weiblichen Mamma im Sinne der Gravidität und des Puerperiums wurde auch erzielt durch Injektion von Extrakten aus Foeten (Starling und Lane Cleypon), Plazenta (Aschner und Grigoria), Ovarium (Frank und Unger).

E. Herrman und M. Stein halten die von ihnen aus dem Corpus luteum wie aus der Plazenta gewonnene Substanz für geschlechtsspezifisch, weil sie nach Injektion bei jungen Ratten, Meerschweinchen. Kaninchen wachstumsfördernd auf das weibliche Genitale, sowie die Brustdrüsen und Müllerschen Gänge bei beiden Geschlechtern, schädigend auf die Hoden und hemmend auf die Entwicklung des männlichen Genitale wirkte. Kleine Dosen bei ganz jungen Kaninchenmännchen zeigten dagegen vorübergehende Förderung. Eine Bindegewebswucherung im Hoden und dem akzessorischen Geschlechtsapparat ist eine unspezifische Reaktion, wie sie auch nach Einwirken anderer Schädigungen (Alkoholabusus, chronische Infektionskrankheiten) beobachtet wurde (Kyrle).

S. Fraenkel und Maria Fonda glauben über die chemische Konstitution der sog. Herrmannschen Substanz, die aus Plazenta und Corpus luteum mit gleichem Vorgehen extrahiert wurde, einige Angaben machen zu können: die aus beiden Organen gewonnene Substanz sei identisch, verwandt mit Cholesterin, Cholalsäure, Bufotalin. Die Kohlenstoffkette soll durch C nicht durch P zusammenhängen. Am Aufbau seien fünf C-Atome mehr beteiligt als das Cholesterin enthält.

Otfried O. Fellner behauptet seine Priorität gegenüber Herrmann und glaubt, daß seine Substanz, die er für reiner hält als die Herrmannsche, kein chemisch reiner Körper sei. Der von Fränkel und Fonda analysierten Substanz seien vermutlich Zersetzungsprodukte beigemischt.

Phosphatidfrei gemachten Ätherextrakt von Rinderovarien injizierte R. Plaut jungen Kaninchen, Meerschweinchen und Katzen beiderlei Geschlechts mit dem Erfolg, daß das kindliche Becken bei ungeänderten absoluten Massen der Form erwachsener Becken ähnlich wurde, indem der Symphysenwinkel sich wesentlich vergrößerte. Die Injektion des Lipoidextrakts aus Ovarien erzeugte bei jungen Weibchen ein starkes Wachstum der Gebärmutter und Tuben.

O. Fellner extrahierte aus Plazenta, Eihäuten, dem corpus-luteumhaltigen Ovar ein „feminines Sexuallipoid", dessen Injektion Vergrößerung des Uterus, Brunsterscheinungen in der Vagina und bei beiden Geschlechtern Wachstum, nicht aber Sekretion der Brustdrüsen hervorrief. Interessant ist, daß Fellner dasselbe Lipoid aus Testikeln erhalten hat, wo er es im Interstitium lokalisiert glaubt.

Injektion von Fellners Sexuallipoid bewirkt beim männlichen Kaninchen eine Verkleinerung der Hoden, Schrumpfung der Kanälchen, Sistieren der Spermatogenese, mitunter Degeneration des samenbildenden und des Nebenhodenepithels sowie Zwischenzellwucherung. Die Wirkung ist keine spezifische.

W. Lahm applizierte u. a. bei Meerschweinchenmännchen Plazentaopton intravenös und ein neues Organpräparat „Neosex Dr. Scheuer" per os. Sorgfältige klinische Beobachtung und histologische Untersuchung der Hoden ergab bei Plazentaoptontieren Herabsetzung der Sexualität (verringerte Libido, Samenkanälchenatrophie, Zwischenzellenvermehrung), dagegen deutliche Steigerung der Vita sexualis (klinisch und anatomisch) bei Neosextieren.

R. Giuliani injizierte fünf Kaninchen das Serum eines Geißbockes, der mit Injektion von Kaninchenhoden-Nukleoproteiden vorbehandelt war, und erzielte erhebliche Hodenparenchymschädigungen. Im Anschluß an seine „biologische Kastration" sei Haberlandts Versuch vorübergehender hormonaler Sterilisierung weiblicher Kaninchen und Meerschweinchen erwähnt. Er transplantierte Ovarien trächtiger Tiere. Der Erfolg war kurzdauernd und unsicher. Die Transplantate zeigten ein Überwiegen der interstitiellen Zellen. Völlig wirkungslos hinsichtlich temporärer Sterilisierung war Injektion von Ovarialopton nichtträchtiger Tiere (Fa. Merck).

Wie unspezifisch die Wirkung der üblichen injizierten Extrakte ist, zeigt die Beobachtung des gleichen Erfolges (Hyperämisierung, Hyperplasie des Genitale) nach Injektion des Extraktes hochlaktierender Brustdrüsen. Nach klinischen Erfahrungen (50 Proz. der Stillenden menstruieren erst wieder nach der Laktation, die Lochien verschwinden bei Laktierenden doppelt so rasch wie bei Nichtstillenden) hemmt ja bekanntlich die laktierende Mamma die Ovulation resp. Menstruation und beschleunigt die Uterusinvolution (bis zur Gebärmutteratrophie bei übertriebener Stillfreudigkeit! [Reifferscheid und H. Schröder]).

J. Bondi und R. Neurath lehnen auf Grund ihrer Rattenversuche die Ansicht Haberlandts ab, daß das Corpus luteum graviditatis im verpflanzten Eierstock die Konzeptionsfähigkeit des Empfängers herabsetzt. Ebenso wie Transplantation der Ovarien nichtträchtiger Tiere ruft nämlich die Operation eine Uterusatrophie hervor, die ihrerseits eine Schwangerschaftserschwerung darstellt.

Voronoff fand auch Testikelverpflanzung in normale weibliche Ziegen nicht geeignet zur Verhütung von Gravidität, dagegen beobachtete er bei diesen eine Wachstumshemmung durch vorzeitige Epiphysenverknöcherung.

Rückblickend kann man wohl sagen, daß trotz der Fülle neuer Tatsachen, trotz Bahnung aussichtsvoller Wege, sich der Eindruck der neueren Literatur (soweit ich sie übersehe) dahin zusammenfassen läßt, daß die erörterten alten Probleme vom Reiz der Terra incognita noch nichts eingebüßt haben. Möge dieser literarische Beitrag als Anregung genommen werden „umzuschaffen das Geschaffene, damit sich's nicht zum Starren waffne" (Goethe).

Literaturverzeichnis.

Soweit zur vorläufigen Orientierung die Referate in den „Berichten über die gesamte Physiologie und experimentelle Pharmakologie" und in der „Endocrinology" verwendet wurden, ist dies bei den Literaturnachweisen angegeben, auch dann, wenn die betreffende Arbeit im Original herangezogen worden ist. —
* = Abkürzung für: „Berichte über die gesamte Physiologie und experimentelle Pharmakologie". Herausg. P. Rona. Verlag von Julius Springer, Berlin.

Aasada, Tameyoshi, Zur Kenntnis der Sarkomentwicklung in einem wiederholt transplantierten Adenokarzinom einer japanischen Maus. Über die Relation der Keimdrüsen zur Transplantation und zum Wachstum des Mäusekrebses. Transact. of the Japanese pathol. soc., Bd. 11, p. 157—158. 1921. — * Bd. 19, Ref. Groll.

Abelous, J. E., La fonction cholestérogénique de la rate. Arch. internat. de physiol. Bd. 18, Aug.-Dez.-Heft, p. 42—52, 1921. — * Bd. 14, Ref. Groll.

— u. L. C. Soula, Fonction cholestérinogène de la rate. Cpt. rend. hebdom. des séances de l'acad. des sciences, Bd. 170, Nr. 10, p. 619—621, 1920. — * Bd. 1, Ref. Groll.

— — Sur la formation de la cholestérine dans la pulpe splénique in vitro. Cpt. rend. des séances de la soc. de biol., Bd. 83, Nr. 16, p. 663—665, 1920. — * Bd. 2, Ref. Rosenberg.

Akagi, Yasokichi, Über die Nerven, insbesondere deren Endigungen im menchlichen Eierstocke. Frankfurter Zeitschrift für Pathologie, Bd. 26, p. 165—187, 1922. — * Bd. 11, Ref. Spatz.

Allen, E., Racial and familial cyclic inheritance and other evidence from the mouse concerning the cause of oestrous phenomen. American Journ. of Anatomy (Phila.), 1923, Vol. 32, Nr. 293—304. — Ref. Endocrinology.

— Edward A. Doisy, B. F. Francis, H. V. Gibson, L. L. Robertson, C. E. Colgate, W. B. Kountz and C. G. Johnston, The hormone of the ovarian follicle: its action in test animals. American Journ. of Physiology, Bd. 68, Nr. 1, p. 138, 1924. — * Bd. 26, Ref. Poos.

Altenburger, H., Kastration und Nebennieren. Pflügers Arch., Bd. 202, p. 668—669. 1924. — * Bd. 16, Ref. Eichholtz.

Ancel, P., Sur l'hermaphrodisme glandulaire. Cpt. rend. des séances de la soc. de biol., Bd. 83, Nr. 87, p. 1642—1644, 1920. — * Bd. 6, Ref. Harms.

— et P. Bouin, Les cellules séminales ont-elles une action sur les caractères sexuels? Discussion et nouvelles recherches. Cpt. rend. des séances de la soc. de biol., Bd. 89, Nr. 21, p. 175—178, 1923. — * Bd. 21, Ref. Romeis.

Arnold, Julius, Die Morphologie der Milch- und Kolostrumsekretion, sowie deren Beziehung zur Fettsynthese, Fettphagozytose, Fettsekretion und Fettdegeneration. Zieglers Beiträge, Bd. 38, H. 2, p. 421—448, 1905.

Aron, M., Sur la glande interstitielle du testicule embryonnaire chez les mammifères. Cpt. rend. des séances de la soc. de biol., Bd. 85, Nr. 22, p. 107—110, 1921. — * Bd. 9, Ref. Harms.

— Sur l'existence et le rôle d'un tissu endocrinien dans le testicule des urodèles. Cpt. rend. hebdom. des séances de l'acad. des sciences, Bd. 173, Nr. 1, p. 57 bis 59, 1921. — * Bd. 10, Ref. Harms.

— Signification morphologique du tissu glandulaire endocrinien du testicule des urodèles. Cpt. rend. hebdom. des séances de l'acad. des sciences, Bd. 174, Nr. 5. p. 332—335, 1922. — * Bd. 12, Ref. Romeis.

Asami, Goichi, Observations on the follicular atresia in the rabbit ovary. Anat. rec., Bd. 18, Nr. 4, p. 323—343, 1920. — * Bd. 3, Ref. Busch.
Aschner, Bernhard, Die Blutdrüsenerkrankungen des Weibes und ihre Beziehungen zur Gynaekologie und Geburtshilfe. Verlag: Bergmann, Wiesbaden (München) 1918.
Aschoff, Das reticulo-endotheliale System. Ergebn. d. Inn. Med. u. Kinderheilkunde, Bd. 26, p. 1, 1924.
— Patholog. Anatomie, 6. Aufl. G. Fischer, Jena 1923.
Asher, Leon, Prinzipielle Fragen zur Lehre von der innern Sekretion. Klin. Woch., Jahrg. 1, Nr. 3, p. 105—108, 1922. — * Bd. 12, Ref. Abelin.
— Beiträge zur Physiologie der Drüsen. Mitteilung 50: Mauerhofer, E., Untersuchungen über die Funktion der Nebennieren mit Hilfe der funktionellen Überlastungsmethode und über die Erzeugung eines Kardinalsymptomes des Morbus Addisonii. Zeitschrift für Biologie, Bd. 74, H. 3/4, p. 147 bis 172, 1922. — * Bd. 12, Ref. Abelin.
Athias, M., Effects de la castration sur les mouvements automatiques de l'utérus chez le cobaye. Journ. de physiol. et de pathol. générale, Bd. 18, Nr. 4, p. 731—743, 1920. — * Bd. 2, Ref. Wieland.
— Invaginations de l'épithélium superficiel et néoformation ovulaire dans l'ovaire transplanté chez le cobaye. Cpt. rend. des séances de la soc. de biol., Bd. 83, Nr. 37, p. 1647—1649, 1920. — * Bd. 6, Ref. Harms.
— Sur la sécrétion interne de l'ovaire. Arch. internat. de physiol., Bd. 18, Aug.-Dez.-Heft, p. 296—306, 1921. — * Bd. 11, Ref. Weil.
— Sur la signification physiologique des phénomènes d'atrésie folliculaire et des cellules interstitielles de l'ovaire. Cpt. rend. des séances de la soc. de biol., Bd. 88, Nr. 18, p. 1315—1318, 1923. — * Bd. 20, Ref. Weil.
Bab, Hans, Neueres und Kritisches über die Beziehungen der inneren Sekretion zur Sexualität und Psyche. Jahreskurse f. ärztliche Fortbildung, Jahrg. 11, H. 1, p. 3—18, 1920. — * Bd. 1, Ref. Groll.
Bailey, Harold, Experimental studies fallowing oophorectomy. American Journ. of obstetr. & gynecology, Bd. 2, Nr. 1, p. 77—83, 1921. — * Bd. 10, Ref. Theodor.
Balli, R., ed A. Fornero, Correlazioni funzionali interghiandolari del tessuto ormonico dell'utero sottoposto all'azione dei raggi X. Ricerche sperimentali. Folia gynaecol., Bd. 14, H. 2, p. 121—142, 1921. — * Bd. 9, Ref. Lüdin.
Bandler, Samuel Wyllis, The balance between the endocrines and in each individual endocrine. Med. rec., Bd. 97, Nr. 16, p. 638—647, 1920. — * Bd. 2, Ref. Wieland.
Bascom, Kellogg F., The interstitial cells of the gonads of cattle with especial reference to their embryonic development and significance. American Journ. of Anatomy, Bd. 31, Nr. 3, p. 222—259, 1923. — * Bd. 19, Ref. Romeis.
Beck, Walter, Über Zwitterbildung beim Menschen. Auszug d. Inaug.-Diss. Breslau 1924.
Beek, W. F. van, Mikroskopische und makroskopische anatomische Untersuchung über die Entwicklung des Ovariums beim Rind. Tijdschr. v. diergeneesk., Bd. 48, p. 556—561, 1921. — * Bd. 12, Ref. Zeehuisen.
— Die Entwicklung des Eierstockes beim Rinde. Zeitschrift für die gesamte Anatomie. Abt. 1: Zeitschrift f. Anatom. u. Entw.-Gesch., Bd. 71, H. 4/6, p. 458—558, 1924. — * Bd. 26, Ref. Romeis.
Benda, C., Diskussion zu V. Patzelt: „Hermaphroditismus beim Menschen". Verhandlungen der anatom. Ges., 33. Versammlung, Halle a. S., 23.—26. IV. 1924. Anatom. Anzeiger, Ergänz.-Heft zu Bd. 58, 3. Sitzung, p. 100—105, 1924.
Beneke, Diskussion zu V. Patzelt: „Hermaphroditismus beim Menschen". Verhandlungen der anatom. Ges., 33. Versammlung, Halle a. S., 23.—26. IV. 1924. Anatom. Anzeiger, Ergänz.-Heft zu Bd. 58, 3. Sitzung, p. 100—105, 1924.
Benoit, J., Sur les cellules interstitielles du testicule du coq domestique. Evolution et structure. Cpt. rend. des séances de la soc. de biol., Bd. 87, Nr. 39, p. 1382—1384, 1922. — * Bd. 18, Ref. Romeis.
— Sur les rapports quantitatifs entre le tissu interstitiel testiculaire, le tissu séminal et la masse du corps chez les oiseaux et quelques mammifères. Cpt.

rend. des séances de la soc. de biol., Bd. 87, Nr. 39, p. 1387—1390, 1922. — * Bd. 18, Ref. Romeis.
Benoit, J., Sur les modifications cytologiques des cellules interstitielles du testicule chez les oiseaux à activité sexuelle périodique. Cpt. rend. des séances de la soc. de biol., Bd. 88, Nr. 3, p. 202—205, 1923. — * Bd. 18, Ref. Romeis.
— Sur les variations quantitatives des tissus interstitiels glandulaire et non glandulaire dans le testicule des oiseaux à activité sexuelle périodique. Cpt. rend. des séances de la soc. de biol., Bd. 88, Nr. 3, p. 205—207, 1923. — * Bd. 18, Ref. Romeis.
— Sur l'origine des cellules interstitielles dans le testicule du coq domestique. Cpt. rend. hebdom. des séances de l'acad. des sciences, Bd. 177, Nr. 6, p. 412—414, 1923. — * Bd. 22, Ref. v. Voss.
— A propos du changement expérimental de sexe par ovariotomie, chez la poule (Présentation d'animaux et de préparations microscopiques). Cpt. rend. des séances de la soc. de biol., Bd. 89, Nr. 37, p. 1326—1328, 1923. — * Bd. 25, Ref. v. Voss.
— Transformation expérimentale du sexe per ovariotomie précoce chez le poule domestique. Cpt. rend. des séances de l'acad. des sciences, Bd. 177, p. 1074 bis 1077, 1923. — * Ref. Endocrinology.
Benthin, W., Die sogenannte Pubertätsdrüse. Med. Klin., Jahrg. 20, Nr. 6, p. 169—171, 1924.
Berberich, J., und R. Jaffé, Die Hoden bei Allgemeinerkrankungen (mit bes. Berücksichtigung des Verhaltens der Zwischenzellen). Frankf. Zeitschr. f. Pathol., Bd. 27, p. 395—446, 1922. — * Bd. 15, Ref. Weil.
— — Der Lipoidstoffwechsel der Ovarien mit bes. Berücksichtigung des Menstruationszyklus nebst Untersuchungen an Nebennieren und Mamma. Zeitschrift f. d. ges. Anat.; Abt. 2: Zeitschrift f. Konstitutionslehre, Bd. 10, H. 1, p. 1—27, 1924. — * Bd. 26, Ref. Poos.
Berblinger, W., Zur Frage der sogenannten Pubertätsdrüse des Menschen. Med. Klin., Jahrg. 17, Nr. 21, p. 617—618, 1921. — * Bd. 8, Ref. Harms.
— Über die Zwischenzellen des Hodens. Zentralbl. f. allgem. Pathol. u. pathol. Anatomie, Bd. 31, Ergänz.-Heft, p. 186—197, 1921. — * Bd. 10, Ref. Levy.
— Hermaphroditismus germinalis beim Menschen. Zentralbl. f. allgem. Pathol. u. pathol. Anatomie, Sonderband zu Bd. 33, Festschrift für M. B. Schmidt, p. 54—65, 1923.
Berger, L., Sur l'existence de glandes sympathicotropes dans l'ovaire et le testicule humains, leurs rapports avec la glande interstitielle du testicule. Cpt. rend. hebdom. des séances de l'acad. des sciences, Bd. 175, Nr. 20, p. 907—909, 1922. — * Bd. 17, Ref. Harms.
Berka, F., Die Brustdrüse verschiedener Altersstufen und während der Schwangerschaft. Frankf. Zeitschr. f. Pathol., Bd. 8, H. 2, p. 203—256, 1911.
Blair-Bell, zit. nach Pick, So called true Hermaphroditism. etc. Proceed of the Royal Soc. of Med. Vol. 8, Obstetr. and Gynecol. Sect. 1915, p. 77.
Bolognesi, Guiseppe, Transplantations testiculaires séminifères et interstitielles. Journ. d'urol., Bd. 12, Nr. 3, p. 153—173, 1921. — * Bd. 12, Ref. Draudt.
Bondi, Josef, und Rud. Neurath, Über experimentellen Hyperfeminismus. Vorl.-Mitteilung. Wiener klin. Woch., Jahrg. 35, Nr. 23, p. 520—522, 1922. — * Bd. 15, Ref. Bauer.
Bouin, P., et P. Ancel, A propos du rôle de la glande interstitielle du testicule. Réponse à MM. Gley et Pézard. Cpt. rend. des séances de la soc. de biol., Bd. 88, Nr. 11, p. 758—760, 1923. — * Bd. 20, Ref. Weil.
Brinkman, R., Résistance osmotique et phosphatides du sang. Nouvelles méthodes quantitatives. Arch. néerland. de physiol. de l'homme et des anim., Bd. 6, Lieferung 4, p. 451—515, 1922. — * Bd. 16, Ref. Schmitz.
— und E. van Dam, Studien zur Biochemie der Phosphatide und Sterine. II.: Die Bedeutung des Cholesterins für die physikalisch-chemischen Eigenschaften der Zelloberfläche. Biochem. Zeitschrift, Bd. 108, H. 1/3, p. 52—60, 1920. — * Bd. 4, Ref. Hirsch.
— — Studien zur Biochemie der Phosphatide und Sterine. III.: Über die Bedeutung des funktionellen Antagonismus von Phosphatiden und Cholesterin. Biochem. Zeitschrift, Bd. 108, H. 1/3, p. 61—73, 1920. — * Bd. 4, Ref. Hirsch.

Brugnatelli, Ernesto, Sulla natura della cellula luteinica e della cellula interstiziale dell'ovaio. Fol. gynaecol., Bd. 13, H. 2, p. 111—120, 1920. — * Bd. 6, Ref. Kolmer.

— De la signification physiopathologique des éléments interstitiels. Arch. ital. de biol., Bd. 71, H. 2, p. 120—132, 1922. — * Bd. 18, Ref. Romeis.

Brutschy, Paul, Hochgradige Lipoidhyperplasie beider Nebennieren mit herdförmigen Kalkablagerungen bei einem Fall von Hypospadiasis penis-scrotalis und doppelseitigem Kryptorchismus mit unechter akzessorischer Nebenniere am rechten Hoden (Pseudohermaphroditismus masculinus externus). Frankf. Zeitschrift f. Pathol., Bd. 24, H. 2, p. 203—240, 1921. — * Bd. 5, Ref. Harms.

Bruyne, Fr. de, Über die klinische Überpflanzung von Ovarialgewebe. Vlaamsch geneesk. tijdschr., Jahrg. 3, Nr. 2, p. 37—39, 1922. — * Bd. 13, Ref. Zeehuisen.

— und F. Derom, Innere Sekretion der Geschlechtsorgane. Vlaamsch geneesk. tijdschr., Jahrg. 2, Nr. 14, p. 365—377, 1921. — * Bd. 9, Ref. Zeehuisen.

Bujard, Eug., Structures atypiques de deux ovotestis de porc. Cpt. rend. des séances de la soc. de biol., Bd. 84, Nr. 3, p. 112—114, 1921. — * Bd. 7, Ref. Harms.

— De la genèse des ovotestis chez les mammifères. Cpt. rend. des séances de la soc. de biol., Bd. 84, Nr. 3, p. 114—116, 1921. — * Bd. 7, Ref. Harms.

Busch and N. van Bergen, Suprarenal transplantation with preservation of function. Americ. journ. of physiology, p. 444, Boston 1905/06.

Carrel, A., Arteficial activation of the growth in vitro of connective tissue. Journ. of exper. Med., Vol. 17, 1913, p. 14—19.

Castaldi, Luigi, Accrescimento delle sostanze corticale e midollare della glandola surrenale e loro rapporti volumetrici. Arch. di fisiol., Bd. 20, H. 1, p. 33—127, 1922. — * Bd. 15, Ref. Mayer.

Cějka, Bohumil, Eine Studie über die Genese und Funktion des Interstitiums auf Grund der Untersuchungen an seneszenten Hoden. Arch. f. mikroskop. Anat. u. Entwicklungsmechanik, Bd. 98, H. 3/4, p. 524—578, 1923. — * Bd. 21, Ref. Romeis.

Célestino da Costa, A., Note sur le développement de la surrénale du hérisson. Cpt. rend. des séances de la soc. de biol., Bd. 83, Nr. 19, p. 878 bis 879, 1920. — * Bd. 4, Ref. Gutherz.

Champy, Ch., Quelques résultats de la méthode de culture des tissus. VI.: Le testicule. Arch. de zool. exp. et gén., Bd. 60, H. 5, p. 461—500, 1920. — * Bd. 7, Ref. Schaxel.

— Sur les corrélations entre les caractères sexuels mâles et les divers éléments du testicule chez les amphibiens (étude sur triton alpestris). Cpt. rend. hebdom. des séances de l'acad. des sciences, Bd. 172, Nr. 8, p. 482—484, 1921. — * Bd. 7, Ref. Harms.

— Sur la „source de l'hormone sexuelle" chez les batraciens (Réponse à MM. Ancel et Bouin). Cpt. rend. des séances de la soc. de biol., Bd. 88, Nr. 13, p. 1007—1009, 1923. — * Bd. 20, Ref. Weil.

— Sur la „source de l'hormone sexuelle" chez les poissons et en général (Réponse à MM. Bouin. Ancel et Courrier). Cpt. rend. des séances de la soc. de biol., Bd. 88, Nr. 15, p. 1127—1129, 1923. — * Bd. 21, Ref. Romeis.

— La question de la localisation morphologique de la source de l'hormone sexuelle se pose-t-elle? Expériences de castration partielle chez Rana temporaria, qui montrent que non. Cpt. rend. des séances de la soc. de biol., Bd. 88, Nr. 17, p. 1245—1248, 1923. — * Bd. 21, Ref. Romeis.

— A propos de la communication d'Ancel et Bouin du 8. juin. Cpt. rend. des séances de la soc. de biol., Bd. 89, Nr. 22, p. 223—225, 1923. — * Bd. 22, Ref. Romeis.

Chauffard, A., Guy Laroche et A. Grigaut, Le cycle de la cholestérine dans l'organisme. Ann. de méd., Bd. 8, Nr. 3, p. 149—172, 1920. — * Bd. 6, Ref. Felix.

Chevallier, Paul, La fonction splénique. Presse méd., Jahrg. 31, Nr. 63, p. 691—692, 1923. — * Bd. 22, Ref. Adler.

Chvostek, F., Pathologische Physiologie der Nebennieren. Ergebn. d. allgem. Pathol. u. pathol. Anat. 1903 (Lubarsch-Ostertag, 9. Jahrg., 2. Abt., p. 258.

Clark, Esther Bridgman, Observations on the ova and ovaries of the Guinea-pig. (cavia cobaya). Anat. record, Bd. 25, Nr. 6, p. 313—337, 1923. — * Bd. 22, Ref. Cori.
Claude, Henri, Formes frustes du virilisme dit surrénal. Encéphale, Jahrgang 16, Nr. 9, p. 491—495, 1921. — * Bd. 12, Ref. Bauer.
Corner, George W., A case of true lateral hermaphroditism in a pig with functional ovary. Journ. of urolog., Bd. 5, Nr. 5, p. 481—485, 1921. — * Bd. 10, Ref. Zill.
Cotte, J., Essai d'expérimentation sur les hormones génitales. Cpt. rend. des séances de la soc. de biol., Bd. 87, Nr. 28, p. 842—844, 1922. — * Bd. 17, Ref. Harms.
Coulaud, E., Influence de l'irradiation du corps thyroide sur les surrénales du lapin. Cpt. rend. des séances de la soc. de biol., Bd. 87, Nr. 34, p. 1072, 1073, 1922. — * Bd. 17, Ref. Romeis.
Courrier, R., Glande interstitielle du testicule et caractère sexuels secondaires chez les poissons. Cpt. rend. hebdom. des séances de l'acad. des sciences, Bd. 172, Nr. 21, p. 1316—1317, 1921. — * Bd. 8, Ref. Harms.
— Sur l'existence d'une glande interstitielle dans le testicule des poissons. Cpt. rend. des séances de la soc. de biol., Bd. 85, Nr. 33, p. 939—941, 1921. — * Bd. 11, Ref. Romeis.
— Sur l'indépendance de la glaude séminale et des caractères sexuels secondaires chez les poissons. Étude expérimentale. Cpt. rend. hebdom. des séances de l'acad. des sciences, Bd. 174, Nr. 1, p. 70—72, 1922. — * Bd. 12, Ref. Lengerich.
— Cycle annuel de la glande interstitielle du testicule chez les chéiroptères. Coexistence du repos séminal et de l'activité génitale. Cpt. rend. des séances de la soc. de biol., Bd. 88, Nr. 15, p. 1163—1166, 1923. — * Bd. 21, Ref. Romeis.
— Sur le cycle de la glande interstitielle et l'évolution des caractères sexuels secondaires chez les mammifères à spermatogénèse périodique. Cpt. rend. des séances de la soc. de biol., Bd. 89, Nr. 37, p. 1311—1313, 1923. — * Bd. 25, Ref. v. Voss.
Cramer, W., On glandular adipose tissue, and its relation to other endocrine organs and to the vitamine problem. Brit. journ. of exp. pathol., Bd. 1, Nr. 4, p. 184—196, 1920. — * Bd. 5, Ref. Harms.
Crew, F. A. E., A suggestion as to the cause of the aspermatic condition of the imperfectly descended testis. Journ. of Anat., Bd. 56, Pt. 2, p. 98—106, 1922. — * Bd. 15, Ref. Frangenheim.
— A histological study of the undescended testicle of the horse. Journ. of comp. pathol. and therap., Bd. 35, Nr. 1, p. 62—69, 1922. — * Bd. 14, Ref. Trautmann.
— Studies in intersexuality. I.: A peculiar type of developmental intersexuality in the male of the domesticated mammals. Proc. of the roy. soc. of London; Ser. B, Bd. 95, Nr. B 665, p. 90—109, 1923. — * Bd. 22, Ref. Nachtsheim.
— Studies in intersexuality. II.: Sex reversal in the fowl. Proc. of the roy. soc. of London; Ser. B, Bd. 95, Nr. B 667, p. 256—278, 1923. — * Bd. 23, Ref. Levy.
Dalcq, Albert, Le cycle saisonnier du testicule de l'orvet. Cpt. rend. des séances de la soc. de biol., Bd. 83, Nr. 18, p. 820—821, 1920. — * Bd. 3, Ref. Gutherz.
Degkwitz, Rudolf, und Philipp Zoelch, Über eine Seite der Cholesterinfunktion im Zellhaushalte. Klin. Wochenschr., 3. Jahrg., Nr. 35, p. 1572—1573, 1924.
Delprat, C. H., Untersuchungen über Cholesterin. Diss. Amsterdam 1921. — * Bd. 13, Ref. Zeehuisen.
Desogus, Vittirino, The relations between the brain and the sexual organs as taught by the experiments of Carlo Ceni. Chicago med. rec., Bd. 42, Nr. 4, p. 148—157, 1920. — * Bd. 2, Ref. Allers.
Diefenbach, Hans, Familiärer Hermaphroditismus. Inaug.-Diss. Berlin, Promotion 8. III. 1912.
Doenicke, Alfred, Ein Beitrag zur Kenntnis des Hermaphroditismus. Bruns Beiträge z. klin. Chir., Bd. 123, H. 1, p. 82—102, 1921. — * Bd. 11, Ref. Harms.

Doisy, Edward A., Edgar Allen, J. O. Ralls and C. Johnston, Preparation and properties of an ovarian hormone. Journ. of biol. chem., Bd. 59, Nr. 1, p. 43—44, 1924. — * Bd. 26, Ref. Poos.

Dvořak, R., Über einen Fall von Pseudohermaphroditismus masculinus internus (tubularis). Virchows Archiv, Bd. 251, p. 616—627, 1924.

Ehrstrom, Robert, Über die Bedingungen einer gestörten Funktion der Hormone. Klin. Wochenschr., 3. Jahrg., Nr. 18, p. 769—772, 1924.

Engel, Emil, Zehn Jahre beobachteter Fall einer homoioplastischen vaginalen Ovarientransplantation. Deutsche med. Wochenschr., Jahrg. 50, Nr. 40, p. 1378—1379, 1924.

Esch, P., Über die Erfolge und das wirksame Prinzip der Organextrakttherapie bei Menstruationsstörungen. Zentralbl. f. Gynäkol., Jahrg. 44, Nr. 22, p. 561—568, 1920. — * Bd. 2, Ref. Fränkel.

Eufinger, Lipoid im Ovar. Biol.-med. Abend der Univ. Frankfurt a. M. Sitzung v. 12. V. 24. Klin. Wochenschr., Jahrg. 3, Nr. 30, p. 1380. Ref. Steinhausen.

Evans, Herbert M., and J. A. Long, Characteristic effects upon growth, oestrus and ovulation induced by the intraperitoneal administration of fresh anterior hypophysical substance. Proc. of the thenat. acad. of sciences (U. S. A.), Bd. 8, Nr. 3, p. 38—39, 1922. — * Bd. 13, Ref. Romeis.

Exner, H. V., Some observations on the functions of the suprarenal glands in white rats. Dublin journ. of med. science. Ser. 4, Nr. 2, p. 79—89, 1920. — * Bd. 2, Ref. Wieland.

Fahr Th., und C. Stamm, Zur Frage der sogenannten Lipoidzellenhyperplasie. Klin. Wochenschr., 3. Jahrg., Nr. 27, p. 1206, 1924.

Falta, W., Die Erkrankungen der Blutdrüsen. Berlin 1913.

Fell, Honor B., A histological study of the testis in cases of pseudointersexuality and cryptorchism with special reference to the interstitial cells. Quart. journ. of experm. physiolog., Bd. 13, Nr. 2, p. 145—158, 1923. — * Bd. 24, Ref. Romeis.

— Histological studies on the gonads of the fowl. I. The histological basis of sex reversal. Brit journ. of exp. biol., Bd. 1, Nr. 1, p. 97—103, 1923. — * Bd. 23, Ref. v. Voss.

— Histological studies on the gonads of the fowl. II. The histogenesis of the so-called „luteal" cells in the ovary. Brit. journ. of exp. biol., Bd. 1, Nr. 3, p. 203—312, 1924. — * Bd. 26, Ref. v. Voss.

Fellner, Otfried O., Über die Tätigkeit des Ovariums in der Schwangerschaft (interstitielle Zellen). Monatsschr. f. Geburtshilfe u. Gynäkol., Bd. 54, H. 2, p. 88—95, 1921. — * Bd. 7, Ref. Harms.

— Bemerkungen zu dem Aufsatze von Herrmann und Stein: „Ist die aus Corpus luteum bzw. Plazenta hergestellte wirksame Substanz geschlechtsspezifisch?" Zentr.-Bl. f. Gynäkol., Jahrg. 45, Nr. 16, p. 568—569, 1921. — * Bd. 9, Ref. Harms.

— Über die Wirkung des Plazentar- und Hodenlipoids auf die männlichen und weiblichen Sexualorgane. Pflügers Arch. f. d. ges. Physiol., Bd. 189, H. 4/6, p. 199—214, 1921. —* Bd. 10, Ref. Harms.

— Berichtigung zu dem Aufsatze von S. Fränkel und M. Fonda: „Über das Hormon (Geschlechtsstoff) der Plazenta und das Corpus luteum, sowie die Lipoide des Corp. lut." in Bd. 141, H. 4/6 ds. Zeitschrift. Biochem. Zeitschr., Bd. 147, H. 1/2, p .185—186, 1924. — * Bd. 26, Ref. Poos.

Ferry, G., Sécrétion lactée et développement anormal du tissu adipeux après cure d'éventration et appendicectomie chez une nullipare. Cpt. rend. des séances de la soc. de biol., Bd. 87, Nr. 39, p. 1379—1382, 1922. — * Bd. 19. Ref. Poos.

Findlay, G. Marshall, The pigments of the adrenals. Journ. of patholog. and bacteriol., Bd. 23, Nr. 4, p. 483—489, 1920. — * Bd. 6, Ref. Felix.

Fischer, Heinrich, Beziehungen der inneren Sekretion zur Genese einiger im Röntgenbilde praktisch wichtiger Skelettvarietäten. Fortschr. a. d. Geb. d. Röntgenstrahlen, Bd. 29, H. 1, p. 51—56, 1922. — * Bd. 14, Ref. Maas.

Fisher, N. F.: The influence of the gonad hormones on the seminal vesicles. Americ. journ. of physiol., Bd. 64, Nr. 2, p. 244—251, 1923. — * Bd. 25, Ref. Romeis.

Foges, Artur, Historischer Beitrag zum experimentellen Hermaphroditismus. Zentr.-Bl. f. Gynäkol., Jahrg. 44, Nr. 3, p. 87—89, 1920. — * Bd. 1, Ref. Dürken.

Fornero, Arturo, Correlazioni funzionali della ghiandola a secrezione interna dell' utero. Ricerche sperimentali chimiche, anatomo-pathologiche, cliniche. Ann. di ostetr. e ginecol. Jahrg. 42, Nr. 3, p. 175/200, Nr. 6, p. 395 bis 432, Nr. 7, p. 459 bis 476, Nr. 8, p. 485 bis 544, Nr. 9, p. 577 bis 600, 1920. — * Bd. 6, Ref. Laquer.

Fraenkel, L., Beziehungen der innern Sekretion der Keimdrüsen zu dem gesamten endokrinen System. Deutsche med. Wochenschr. Nr. 30/31, p. 1007 bis 1009 u. 1041 bis 1043, 1924.

Fraenckel, Ein Fall von Pseudohermaphroditismus femininus externus. Virchows Arch., Bd. 215, p. 378—403, 1914.

Fränkel, Sigmund, und Maria Fonda, Über das Hormon (Geschlechtsstoff) der Plazenta und des Corp. luteum, sowie die Lipoide des Corp. luteum. Biochem. Zeitschr., Bd. 141, H. 4/6, p. 379—393, 1923. — * Bd. 23, Ref. Poos.

Frankenberger, Z., Zur Frage der funktionellen Bedeutung der Hodenzwischenzellen. Anatom. Anzeiger, Bd. 55, Nr. 24, p. 545—550, 1922. — * Bd. 15, Ref. Harms.

Frankl, O., Relation between placenta and the secretion of milk. Trans. Act. Gynaec. Soc. 1923, May, 21—23, und Journ. of Americ. Med. Assoc. 81, 66. — [Referat.]

Furno, Alberto, Studio di genetica e di clinica sopra cinque casi di eunucoidismo ereda-familiare. Riv. di patol. nerv. e ment., Bd. 26, H. 9/10, p. 245 bis 285, 1922. — * Bd. 14, Ref. Bauer.

Gerlinger, H., Sur l'existence d'un cycle sécrétoire pendant la période du rut dans les cornes utérines des mammifères. Cpt. rend. des séances de la soc. de biol., Bd. 87, Nr. 26, p. 582—584, 1922. — * Bd. 15, Ref. Harms.

Gigon, Alfred, Einige Beobachtungen über die sekundären Geschlechtscharaktere. Schweiz. med. Wochenschr., Jahrg. 52, Nr. 13, p. 316—318, 1922. — * Bd. 14, Ref. Weil.

Giuliani, Renzo, Neutralizzazione sessuale ottenuta mediante sieri orchilitici ed ovariolitici. Ann. d'ig., Jahrg. 30, Nr. 6, p. 323—326, 1920. — * Bd. 4, Ref. Wieland.

Glusmann, M., Entfernung der Drüsen mit innerer Sekretion und Antikörperbildung. Zeitschr. f. Hygiene, Bd. 102, H. 3/4. — [Referat.]

Goddard, T. Russell, Hypertrophy of the interstitial tissue of the testicle in man. Journ. of anat., Bd. 54, H. 2 u. 3, p. 173—176, 1920. — * Bd. 3, Ref. Harms.

Goette, K., Beitrag zur Atrophie des menschl. Hodens. Veröffentlichungen aus der Kriegs- und Konstitutionspathologie, 9. Heft (2. Bd., Schlußheft 5). Fischer, Jena 1921.

Goldschmidt, Richard, Die biologischen Grundlagen der konträren Sexualität und des Hermaphroditismus beim Menschen. Arch. f. Rassen- u. Gesellsch.-Biol., Bd. 12, H. 1, p. 1—14. 1916—1918.

— Untersuchungen über Intersexualität. II. Zeitschr. f. indukt. Abstammungs- u. Vererbungslehre, Bd. 29, H. 3/4, p. 145—185, 1922. — * Bd. 16, Ref. Koehler.

— Mechanismus und Physiologie der Geschlechtsbestimmung. Borntraeger, Berlin 1920.

— und Sakae Saguchi, Die Umwandlung des Eierstocks in einen Hoden beim intersexuellen Schwammspinner. Zeitschr. f. d. ges. Anatomie. I. Abt. Zeitschr. f. Anatomie u. Entwickl.-Geschichte, Bd. 65, H. 1/3, p. 226—253, 1922. * Bd. 16, Ref. Koehler.

Goodman, Charles, Transplantation. Internat. clin., Bd. 3, Ser. 32, p. 54 bis 72, 1922. — * Bd. 18, Ref. Gerlach.

Goormaghtigh, N., Organogenèse et histogenèse de la capsule surrénale et du plexus coeliaque. Arch. de biol., Bd. 31, H. 1/2, p. 83—172, 1921. — * Bd. 8, Ref. Harms.

Goto, Naoshi, Experimentelle Untersuchung der inneren Sekretion des Ovariums durch Parabiosetiere. Arch. f. experiment. Pathologie u. Pharmakologie, Bd. 94, H. 1/2, p. 124—128, 1922. — * Bd. 15, Ref. Trautmann.

Graves, William P., The endocrines in gynecology. New York med. Journ., Bd. 112, Nr. 19, p. 697—701, 1920. — * Bd. 5, Ref. Harms.

Greil, Alfred, Entstehung krankhafter Zwittrigkeit und anderer Störungen der geschlechtlichen Beziehungen. Kritik der Inkretionstheorie. Zeitschr. f. d. gesamte Anat., II. Abt. Zeitschr. f. Konstitutionslehre, Bd. 10, H. 2, p. 121 bis 190, 1924.

Gruber, Georg B., Über die Brustdrüsenschwellung der Neugeborenen. Monatsschrift f. Geburtshilfe u. Gynäkologie, Bd. 56, H. 5/6, p. 289—292, 1922. — * Bd. 12, Ref. Aron.

— Beiträge zur Histologie und Pathologie der Mamma. Virch. Arch., Bd. 248, H. 3, p. 397—425, 1924.

Gudernatsch, F. J., Hermaphroditismus verus in man. American Journ. of anatomy, Bd. 2, Nr. 3, 1911. (Zit. nach Pick.)

Guggisberg, Hans, Die Arbeitsteilung im Eierstock. Zentralbl. f. Gynäkologie, Jahrg. 46, Nr. 11, p. 402—407, 1922. — * Bd. 13, Ref. Seitz.

Guieyesse, La capsule surrénale chez la femelle du cobaye en gestation. Cpt. rend. de soc. de biol., Nr. 34, p. 898, 1899. — [Referat.]

Haberlandt, L., Über hormonale Sterilisierung des weiblichen Tierkörpers (vorl. Mitt.). Münchn. med. Wochenschr., Jahrg. 68, Nr. 49, p. 1577—1578, 1921. — * Bd. 11, Ref. Romeis.

— Über hormonale Sterilisierung weiblicher Tiere durch subkutane Transplantation von Ovarien trächtiger Weibchen. Pflügers Arch. f. d. ges. Physiologie, Bd. 194, H. 3, p. 235—270, 1922. — * Bd. 13, Ref. Romeis.

— Über hormonale Sterilisierung weiblicher Tiere. II. Mitt. Injektionsversuche mit Corpus lut.-, Ovarial- u. Plazentaopton. Pflügers Arch. f. d. ges. Physiol., Bd. 202, H. 1/2, p. 1—13, 1924. — * Bd. 25, Ref. Romeis.

Halban, Josef, Keimdrüse und Geschlechtsentwicklung. Archiv f. Gynäkologie, Bd. 114, H. 2, p. 289—303, 1921. — * Bd. 7, Ref. Harms.

Hammett, Frederick S., Gynecomastia. Endocrinology, Bd. 4, Nr. 2, p. 205 bis 220, 1920. — * Bd. 4, Ref. Fränkel.

Hanak, A., Critique du rajeunissement selon Steinach. Cpt. rend. des séances de la soc. de biol., Bd. 85, Nr. 29, p. 698—699, 1921. — * Bd. 11, Ref. Romeis.

Harms, Wilhelm, Das Problem der Geschlechtsumstimmung und die sog. Verjüngung. Naturwissenschaften, Jahrg. 9, H. 11, p. 184—189, 1921. — * Bd. 7, Autoreferat.

— Keimdrüsen und Alterszustand. Fortschritte der naturwissenschaftl. Forschung, Herausgeg. v. Emil Abderhalden. Bd. 11, H. 5. Urban & Schwarzenberg, Berlin u. Wien 1922. — * Bd. 16, Ref. Romeis.

— Diskussion contra F. Unterberger: „Experimentelle Zwitterbildung und ihr Einfluß auf die Nachkommenschaft". Monatsschrift für Geburtshilfe und Gynäkologie, Bd. 66, H. 1, p. 41 u. 71, 1924. Nordostdeutsche Gesellschaft für Gynäkologie. Klin. Wochenschr., 3. Jahrg., Nr. 38, p. 1731, Ref. Schrader.

Hartmann, Carl G., The oestrus cycle in the opossum. American Journ. of Anatomy (Phila.), Vol. 32, p. 353—421, 1923. (Endocrinology cit.)

— and William F. Hamilton, A case of true hermaphroditism in the fowl with remarks upon secondary sex-characters. Journ. of experimental Zool., Bd. 36, Nr. 2, p. 185—203, 1922. — * Bd. 16, Ref. F. Levy.

Heape, W., Preliminary note on the transplantation and growth of mammalian ova within a uterine fostermother. (Communicated by Prof. M. Foster, Sec. R. S., Rec. Nov. 12, 1890, Roy. Soc. Proc. XLVIII, 295, p. 457.)

Hedinger, E., Über Wucherung der Leydigschen Zwischenzellen bei Chorionepitheliom des Hodens. Zeitschrift f. angewandte Anatomie und Konstitutionslehre, Bd. 7, H. 1/2, p. 55—59, 1920. — * Bd. 5, Ref. Lechner.

Herrmann, Edmund, und Marianne Stein, Ist die aus Corp. luteum bzw. Placenta hergestellte wirksame Substanz geschlechtsspezifisch? Zentr.-Blatt f. Gynäkol., Jahrg. 44, Nr. 51, p. 1449—1451, 1920. — * Bd. 6, Ref. Harms.

— — Wiener klin. Wochenschr., Jahrg. 29, Nr. 25, p. 778—782, 1916.

Herxheimer, G., und K. F. Hoffmann, Über die anatom. Wirkungen der Röntgenstrahlen auf den Hoden. Deutsche med. Wochenschr., Nr. 36, p. 1551—1553, 1908.

Hett, Johannes, Die Einwirkung erhöhter Außentemperatur auf die Leber der Hausmaus. Virchows Archiv, Bd. 248, H. 1/2, p. 101—124, 1924. — * Bd. 26, Ref. Romeis.

Hewer, Evelyn E., The functional connexion between the reproductive organs and other glands of internal secretion. Brit. med. journ., Nr. 3087, p. 293, 1920. — * Bd. 1, Ref. Levy.

— Some functions of the suprarenal glands. Brit. med. journ., Nr. 3187, p. 138 bis 139, 1922. — * Bd. 12, Ref. Weil.

Hirschfeld, M., und E. Burchard, Spermasekretion aus einer weiblichen Harnröhre. Deutsche med. Wochenschr., Nr. 52, p. 2425—2428, 1911.

Hoepke, Hermann, Über Begriff und Einteilung des Hermaphroditismus. Zeitschr. f. d. ges. Anatomie, Abt. I. Zeitschr. f. Anatomie u. Entwickl.-Gesch., Bd. 71, H. 1/3, p. 304—312, 1924. — * Bd. 26, Ref. Romeis.

Hogben, Lancelot T., and F. A. Crew, Studies on internal secretion. II. Endocrine activity in foetal and embryonic life. Brit. journ. of biol., Bd. 1, Nr. 1, p. 1—13, 1923. — * Bd. 23, Ref. v. Voss.

Hotz, G., Über die Operation nach Steinach. Schweizer Arch. f. Neurologie u. Psychiatrie, Bd. 7, H. 2, p. 344—349, 1920. — * Bd. 6, Ref. Harms.

Houssay, B.-A., und J. T. Lewis, Importances comparatives des parties médullaire et corticale des surrénales. Cpt. rend. des séances de la soc. de biol., Bd. 85, Nr. 37, p. 1210—1212, 1921. — * Bd. 11, Ref. Weil.

— — The relative importance to life of cortex and medulla of the adrenal glands. Americ. journ. of physiolog., Bd. 64, Nr. 3, p. 512—521, 1923. — * Bd. 20, Ref. Fromherz.

Humphrey, R. R., The interstitial cells of the urodele testis. Americ. journ. of anat., Bd. 29, Nr. 2, p. 213—279, 1921. — * Bd. 12, Ref. Levy.

Jacobson, Victor C., The autotransplantation of endometrial tissue in the rabbit. Arch. of surg., Bd. 5, Nr. 2, p. 281—300. — * Bd. 15, Ref. Erdmann.

Jaffe, Henry L., and David Marine, The influence of the suprarenal cortex on the gonads of rabbits. I. The effects of suprarenal injury (by removal or freezing) on the interstitial cells of the ovary. Journ. of exp. Med. Bd. 38, Nr. 1, p. 93—106, 1923. — * Bd. 21, Ref. Busch.

— — The influence of the suprarenal cortex on the gonads of rabbits. II.: The effects of suprarenal injury (by removal or freezing) on the tubules and interstitial cells (Leydig) of the testis. Journ. of exper. Med., Bd. 38, Nr. 1, p. 107—115, 1923. — * Bd. 21, Ref. Busch.

Jollos, Victor, Ergebnisse und Probleme der Vererbungslehre. Klin. Wochenschr., Jahrg. 3, Nr. 29, p. 1327—1329, und Nr. 30, p. 1369—1372.

Jordan, H. E., The histology of a testis from a case of human hermaphroditism, with a consideration of the significance of hermaphroditism in relation to the question of sex differentiation. Americ. journ. of anat., Bd. 31, Nr. 1, p. 27—53, 1922. — * Bd. 20, Ref. Poll.

Karoliny, L., Histologische Beiträge zur innersekretorischen Funktion der Eierstöcke. Kgl. Ärzteverein Budapest, Sitzung vom 12. April 1924. Klin. Wochenschr., Jahrg. 3, Nr. 28, p. 1290.

— Septische Nierenveränderungen. Kgl. Ärzteverein Budapest, Sitzung vom 22. März 1924. Klin. Wochenschr., Jahrg. 3, Nr. 27, p. 1244.

Kaufmann, E., Lehrbuch der speziellen patholog. Anatomie. 7./8. Aufl. Berlin 1922.

Keußler, H. v., Über einige Fälle von Hermaphroditismus, mit besonderer Berücksichtigung der Zwischenzellen. Beiträge zur patholog. Anatomie und zur allgem. Pathologie, Bd. 67, H. 3, p. 416—436, 1920. — * Bd. 6, Ref. Harms.

Kingsbury, B. F., The endocrine organs: a point of view. Endocrinology, Bd. 8, Nr. 1, p. 91—102, 1924. — * Bd. 26, Ref. Fromherz.

Kipp, Harold A., Variation in the cholesterol content of the serum in pneumonia. Journ. of biol. chem., Bd. 44, Nr. 2, p. 215—237, 1920. — * Bd. 6, Ref. Külz.

Kitahara, Y., Über die Entstehung der Zwischenzellen der Keimdrüsen des Menschen und der Säugetiere und über deren physiologische Bedeutung. Arch. f. Entw.-Mech., 52, p. 550—615, 1923.

Kleinicke, Konrad, Der Lipoidstoffwechsel der männlichen Keimdrüsen. Frankfurter Zeitschrift für Pathologie, Bd. 27, p. 185—196, 1922.

Kleinknecht, A., Ein Fall von Hermaphroditismus verus bilateralis beim Menschen. Beitr. zur klin. Chirurgie, Bd. C 2, H. 2, p. 382—402.

Kolisko, A., Die Zwitterbildungen. Beiträge zur gerichtl. Medizin, Bd. 4, p. 1—47, 1922. — * Bd. 18, Ref. Neureiter.

Kolmer, Walter, und Ferdinand Scheminzky, Zwei Fälle von Hermaphroditismus verus. Pflügers Arch. f. d. ges. Physiologie, Bd. 194, H. 4, p. 362—364, 1922. — * Bd. 14, Ref. W. Kolmer.

Kondoléon, Emmanuel, Vergrößerung der Brustdrüse nach Prostatektomie. Zentralbl. f. Chirurgie, Jahrg. 47, Nr. 36, p. 1098, 1920. — * Bd. 5, Ref. Raeschke.

Kostitch, Alexandre, Action de l'alcool sur la glande interstitielle du testicule. Internationale Zeitschrift gegen den Alkoholismus, Jahrg. 30, Nr. 3, p. 134—138, 1922. — * Bd. 16, Ref. Busch.

— Sur la dissociation de la glande séminale et de la glande interstitielle déterminée par l'alcoolisme expérimental. Stérilité sans impuissance. Cpt. rend. des séances de la soc. de biol., Bd. 84, Nr. 11, p. 569—571, 1921. — * Bd. 7, Ref. Oppenheimer.

Koyano, K., Experimenteller und klinischer Beitrag zu den Veränderungen des Hodens, verursacht durch Störungen der lokalen Blutzirkulation. Acta scholae med. univ. imp. Kioto, Bd. 5, H. 3, p. 275—301, 1923. — * Bd. 22, Ref. Busch.

Koyano, Tadayasu, Experimentelle Studien über den Einfluß des Preßsaftes vom Fötus und von den Geschlechtsorganen schwangerer Kaninchen auf die innersekretorischen Organe, insbes. auf die Hypophyse. Transact of the Japanese pathol. soc., Bd. 12, p. 146—148, 1922. (Zit.)

Krabbe, Knud, The relation between the adrenal cortex and sexual development. New-York med. journ., Bd. 114, Nr. 1, p. 4—8, 1921. — * Bd. 10, Ref. Weil.

Kraus, Erik Johannes, Über ein bisher unbekanntes eisenhaltiges Pigment in der menschlichen Milz. Beiträge zur pathol. Anatomie u. allgem. Pathol., Bd. 70, H. 2, p. 234—247, 1922. — * Bd. 14, Ref. Groll.

Krause, Wilhelm, Über experimentellen Hermaphroditismus. Deutsche medizin. Wochenschrift, Jahrg. 49, Nr. 42, p. 1330—1332, 1923. — * Bd. 23, Ref. v. Voss.

Krause, W., Die Anatomie des Kaninchens. 2. Aufl. Leipzig 1884.

Krediet, G., Ovariotestes bei der Ziege. Biolog. Zentralbl., Bd. 41, Nr. 10, p. 447—455, 1921. — * Bd. 10, Ref. Harms.

— Eine Untersuchung der Geschlechtsdrüsen von dreißig neugeborenen Ziegen. Ein Fall von wahrem unilateralem Hermaphroditismus. Anatom. Anzeiger, Bd. 55, Nr. 20/21, p. 502—510, 1922. — * Bd. 15, Ref. Harms.

Kreuter, Bruns Beiträge z. klin. Chirurgie, Bd. 118.

Kreuter, E., Hodentransplantation und Homosexualität. Zentralbl. f. Chir., Jahrg. 49, Nr. 16, p. 538—540, 1922. — * Bd. 15, Ref. Weil.

Kropman, Esther, Untersuchungen über Partialkastration an weißen Mäusen. Skandinav. Arch. f. Physiol., Bd. 44, H. 1/2, p. 76—86, 1923. — * Bd. 21, Ref. Romeis.

Kudo, Tokuyasu, Occurence of the interstitial cells of the testis in the embryonic and postnatal life history of the Guinea-pig. Folia anat. Japonica, Bd. 1, H. 3, p. 125—148, 1922. — * Bd. 17, Ref. Péterfi.

Kunze, Alfred, Das physiologische Vorkommen morphologisch darstellbarer Lipoide in Hoden und Prostata, mit besonderer Berücksichtigung der Haussäugetiere. Arch. f. mikroskop. Anatomie, Abt. 1 u. 2, Bd. 96, H. 2/3, p. 387—434, 1922. — * Bd. 17, Ref. Trautmann.

Kuramitsu, Choizu, and Leo Loeb, The effect of suckling and castration on the lactating mammary gland in rat and guinea pig. Americ. journ. of physiol., Bd. 56, Nr. 1, p. 40—59, 1921. — * Bd. 9, Ref. Koehler.

Kürten, H. O., Die Senkungsgeschwindigkeit der roten Blutkörperchen in ihrer Beziehung zu Cholesterin und Lezithin. Pflügers Arch. f. d. ges. Physiologie, Bd. 185, H. 4/6, p. 248—261, 1920. — * Bd. 6, Ref. Wiechmann.

Küstner, Otto, Zeitschrift f. Geburtshilfe u. Gynäkologie, Bd. 73.

Kyrle, J., Über die Hypoplasie der Hoden im Jugendalter und ihre Bedeutung für das weitere Schicksal der Keimdrüsen. Wiener klin. Wochenschr., Jahrg. 33, Nr. 9, p. 185—188, 1920. — * Bd. 1, Ref. Harms.

Labhardt, Alfr., Die Rolle des Ovariums im weiblichen Organismus. Schweizer med. Wochenschr., Jahrg. 50, Nr. 19, p. 361—368, 1920. — * Bd. 3, Ref. Löffler.

Lahm, W., Zur Entwicklung der interstitiellen Drüse im Hoden und Ovarium. Monatsschr. f. Geburtshilfe u. Gynäkologie, Bd. 58, H. 3/4, p. 128—140, 1922. — * Bd. 16, Ref. Harms.

— Zur Frage der morphologischen Grundlagen der Sexualität nach tierexperimentellen Untersuchungen. Arch. f. Frauenkunde u. Konstitutionsforschung, Bd. 10, H. 1/2, p. 13—22, 1924.

— Die patholog.-anatom. Grundlagen der Frauenkrankheiten. Verlag Th. Steinkopff, Dresden u. Leipzig 1923.

Lang, Leo, Der Brunstzyklus des Rindes nach Untersuchungen am Ovarium unter besonderer Berücksichtigung der dabei auftretenden Lipoide. Zeitschr. f. d. gesamte Anatomie, 2. Abt.: Zeitschr. f. Konstitutionslehre, Bd. 10, H. 1, p. 79—98, 1924. — * Bd. 26, Ref. Poos.

Laporte, F., et L.-C. Soula, Fonction cholestérinogène de la rate, mouvements propres de la rate et modifications des éléments figurés du sang pendant la période d'activité sécrétoire. Cpt. rend. des séances de la soc. de biol., Bd. 83, Nr. 16, p. 660—662, 1920. — * Bd. 2, Ref. Rosenberg.

Lenninger, Wilhelm, Das Hodenzwischengewebe der Haussäugetiere. Zeitschr. f. d. gesamte Anatomie, Abt. 1: Zeitschr. f. Anatomie u. Entwicklungsgeschichte, Bd. 68, H. 2/3, p. 230—242, 1923. — * Bd. 21, Ref. Romeis.

Lepehne, G., Über den heutigen Stand der Physiologie und Pathologie der Milzfunktion. Deutsche med. Wochenschr., Jahrg. 48, Nr. 48, p. 1606—1607, 1922. — * Bd. 18, Ref. Oehme.

Leupold, Ernst, Cholesterinstoffwechsel und Spermiogenese. Beiträge zur patholog. Anatomie u. allgem. Pathologie, Bd. 69, p. 305—341, 1921. — * Bd. 12, Ref. Neubauer.

— und L. Bogendörfer, Die Bedeutung des Cholesterins bei Infektionen. Deutsches Arch. f. klin. Medizin, Bd. 140, H. 1/2, p. 28—38, 1922. — * Bd. 16, Ref. Isaac.

— und Franz Seisser, Experimentelle Untersuchungen über die Bedeutung des Cholesterinstoffwechsels für die weiblichen Keimzellen. Arch. f. Gynäkol., Bd. 119, H. 3, p. 552—562, 1923. — * Bd. 23, Ref. Schmitz.

Lewis, John T., Exstirpation of adrenal glands in albino rats. Americ. journ. of physiol., Bd. 64, Nr. 3, p. 503—505, 1923. — * Bd. 21, Ref. Romeis.

Lichtenstern, Robert, Bisherige Erfolge der Hodentransplantation beim Menschen. Jahreskurse f. ärztl. Fortbildung, Jahrg. 11, H. 4, p. 8—11, 1920. — * Bd. 2, Ref. Weil.

Liénaux et Hamoir, La cellule géante syncytium ou dérivé de syncytium; contribution à l'étude des granulomes. Ann. de l'inst. Pasteur, Bd. 34, Nr. 11, p. 775—802, 1920. — * Bd. 6, Ref. Busch.

Lipschütz, Alexander, Quantitative Untersuchungen über die innersekretorische Funktion der Testikel. Deutsche med. Wochenschr., Jahrg. 47, Nr. 13, p. 350—351, 1921. — * Bd. 7, Ref. Harms.

— Sur l'hypertrophie du testicule dans la castration unilatérale. Cpt. rend. des séances de la soc. de biol., Bd. 87, Nr. 21, p. 60—62, 1922. — * Bd. 15, Ref. Weil.

— The so-called compensatory hypertrophy of the testicle after unilateral castration. Journ. of physiol., Bd. 56, Nr. 6, p. 451—458, 1922. — * Bd. 17, Ref. Harms.

— Über die kompensatorischen Reaktionen der Geschlechtsdrüsen. Skandinav. Arch. f. Physiol., Bd. 43, p. 45—54, 1923. — * Bd. 19, Ref. Oehme.

— New experimental data on the question of the seat of the endocrine function of the testicle. Endocrinology, Bd. 7, Nr. 1, p. 1—18, 1923. — * Bd. 21, Ref. Boenheim.

— Bemerkungen zur Arbeit von H. Stieve: „Neue Untersuchungen über die Zwischenzellen". Anatom. Anz., Bd. 56, Nr. 23/24, p. 564—567, 1923. — * Bd. 24, Ref. Fritz Levy.

— Die Pubertätsdrüse und ihre Wirkungen. Bern 1919, Verlag Bircher.

— Felix Bormann und Karl Wagner, Über Eunuchoidismus beim Kaninchen in Gegenwart von Spermatozöen in den Hodenkanälchen und unterentwickelten Zwischenzellen. Deutsche med. Wochenschr., Jahrg. 48, Nr. 10, p. 320—322, 1922. — * Bd. 12, Ref. Weil.

Lipschütz, Alexander, Ch. Wagner et F. Bormann, Ralentissement experimental de la masculinisation. Cpt. rend. des séances de la soc. de biol., Bd. 86, Nr. 5, p. 238—240, 1922. — * Bd. 12, Ref. Weil.
— und Alexandra Ibrus, Über die Menge des Zwischengewebes im Hoden des Kaninchens nach einseitiger Kastration. Skandinav. Arch. f. Physiol., Bd. 44, H. 5/6, p. 237—247, 1923. — * Bd. 23, Ref. v. Voss.
— et Wilhelm Krause, Recherches quantitatives sur l'hermaphrodisme expérimental. Cpt. rend. des séances de la soc. de biol., Bd. 89, Nr. 22, p. 220—223, 1923. — * Bd. 22, Ref. Romeis.
— Krause und Voß, Journ. of physiol., Bd. 58, p. 461, 1924, zit. nach Klin. Wochenschr., Jahrg. 3, Nr. 42, p. 1907, 1924.
— et B. Ottow, Sur les conséquences de la castration partielle. Cpt. rend. des séances de la soc. de biol., Bd. 83, Nr. 30, p. 1340—1341, 1920. — * Bd. 5, Ref. Harms.
— — und Karl Wagner, Über das Minimum der Hodensubstanz, das für die normale Gestaltung der Geschlechtsmerkmale ausreichend ist. Pflügers Arch. f. d. gesamte Physiologie, Bd. 188, H. 1/3, p. 76—86, 1921. — * Bd. 8, Ref. Harms.
— — — Sur des modifications histologiques subies par des restes du pôle inférieur du testicule dans la castration partielle. Cpt. rend. des séances de la soc. de biol., Bd. 85, Nr. 22, p. 86—87, 1921. — * Bd. 9, Ref. Harms.
— — — Sur le ralentissement de la masculinisation dans la castration partielle. Cpt. rend. des séances de la soc. biol., Bd. 85, Nr. 28, p. 630—632, 1921. — * Bd. 11, Ref. Romeis.
— — — Über Eunuchoidismus beim Kaninchen, bedingt durch Unterentwicklung des Hodens. Archiv f. Entwicklungsmech. d. Organismen, Bd. 51, H. 1/2, p. 66—78, 1922. — * Bd. 15, Ref. Weil.
— — — and Felix Bormann, On the hypertrophy of the interstitial cells in the testicle of the guinea-pig under different experimental conditions. Proc. of the roy. soc., Ser. B, Bd. 93, Nr. B 650, p. 132—142, 1922. — * Bd. 12, Ref. Romeis.
— und Voß, Cpt. rend. des séances de la soc. de biol., Bd. 80, p. 1139, 1141, 1239, 1332, 1410, 1924 (zit. nach Klin. Wochenschr., Jahrg. 3, Nr. 42, p. 1907).
— et Ch. Wagner, Nouvelles observations sur la fonction endocrine des cellules interstitielles du testicule chez les mammifères. Cpt. rend. des séances de la soc. de biol., Bd. 86, Nr. 6, p. 306—307, 1922. — * Bd. 12, Ref. Weil.
— — Nouvelles observations sur l'hypertrophie des fragments ovariens. Cpt. rend. des séances de la soc. de biol., Bd. 86, Nr. 19, p. 1122—1123, 1922. — * Bd. 14, Ref. Weil.
— — L'hypertrophie des cellules interstitielles du testicule est-elle une réaction compensatrice endocrine/ Cpt. rend. des séances de la soc. de biol., Bd. 87, Nr. 20, p. 15—17, 1922. — * Bd. 15, Ref. Harms.
— — Über die Hypertrophie der Zwischenzellen. Ihr Vorkommen und ihre Bedingungen. Pflügers Arch. f. d. ges. Physiologie, Bd. 197, H. 3/4, p. 348—361, 1922. — * Bd. 18, Ref. Romeis.
— — et E. Kropman, Nouvelles observations sur la quantité minimale de masse testiculaire suffisante pour une masculinisation complète. Cpt. rend. des séances de la soc. de biol., Bd. 87, Nr. 22, p. 122—124, 1922. — * Bd. 15, Ref. Harms.
— — et R. Tamm, Sur l'hypertrophie des fragments ovariens dans la castration partielle. Cpt. rend. des séances de la soc. de biol., Bd. 86, Nr. 5, p. 240—242, 1922. — * Bd. 12, Ref. Weil.
— — — und Felix Bormann, Further experimental investigations on the hypertrophy of sexual glands. Proc. of the roy. soc., Ser. B, Bd. 94, Nr. B 657, p. 83—92, 1922. — * Bd. 16, Ref. Aschner.
Loeb, Leo, Transplantation and individuality. Biol. bull., Bd. 40, Nr. 3, p. 143—180, 1921. — * Bd. 8, Ref. Dürken.
— The relation between the interstitial gland of the testicle seminiferous tubules and the secondary sexual characters. (Dep. of comp. path., Washington univ. school of med., St. Louis.) Sonderdruck, p. 33—48, 1921. — * Bd. 11, Ref. Romeis.

Loeb, Leo, The analysis of factors which determine the life and growth of transplanted tissues. Proc. of the soc. f. exp. biology and medicine, Bd. 18, Nr. 5, p. 153—155, 1921. — * Bd. 12, Ref. Taube.
— The effect of extirpation of the uterus on the life and function of the corpus luteum in the guinea pig. Proc. of the soc. f. exp. biol. and med., Bd. 20, Nr. 8, p. 441—443, 1923. — * Bd. 22, Ref. Poos.
Loeper, Debray et J. Tonnet, Le rapport lipocholestérinique du sérum des cancéreux. Cpt. rend. des séances de la soc. de biol., Bd. 85, Nr. 27, p. 423—424, 1921. — * Bd. 10, Ref. Felix.
Loeschke, Die Achseldrüsen als Sexualdrüsen. Autoreferat. Bericht über die Tagung der südwestd. Pathol. in Mannheim 26./27. IV. 1924. Klin. Wochenschr., Jahrg. 3, Nr. 27, p. 1242.
Löser, Alfred, und Wilhelm Israël, Zur Pathologie und Diagnose des Pseudohermaphroditismus femininus externus als innere Sekretionsstörung. Zeitschr. für urol. Chirurgie, Bd. 13, H. 1/2, p. 75—82, 1923. — * Bd. 22, Ref. Kronfeld.
Losert, Bruns Beiträge zur klin. Chirurgie, Nr. 122, 1921.
Lotz, A., und R. Jaffé, Die Hoden bei Allgemeinerkrankungen (mit besonderer Berücksichtigung der Lipoidbefunde und der Zusammenhänge mit den (Nebennieren). Zeitschr. f. Konstitutionslehre. 2. Abt. der Zeitschr. f. die gesamte Anatomie, Bd. 10, H. 1, p. 99—110, 1914. — * Bd. 26, Ref. Poos.
Löwenthal, Karl, Die Vereinigung von Interrenal- und Adrenalsystem zur Gesamtnebenniere. Die Nebenniere als einheitlich funktionierendes Organ. Berl. klin. Wochenschr., Jahrg. 57, Nr. 34, p. 807—811, 1920. — * Bd. 4, Ref. Harms.
Lubarsch, Zur Kenntnis des makrophagen (retikulo-endothelialen) Systems. Verhandlungen der Deutschen pathol. Ges., Jahrg. 18, p. 63—64, Jena 1921.
Lydston, G. Frank, The so-called interstitial gland implantation. To whom is the credit due? Americ. journ. of surg., Bd. 34, Nr. 3, p. 77—80, 1920. — * Bd. 1, Ref. Wieland.
Macklin, Madge Thurlow, A description of material from a gynandromorph fowl. Journ. of exp. zool., Bd. 38, Nr. 3, p. 355—375, 1923. — * Bd. 25, Ref. Nachtsheim.
Maicher, Johannes, Beitrag zum familiären Pseudohermaphroditismus. Auszug d. Inaug.-Diss. Breslau 1923.
Malerba, G. Luigi, Il tasso colesterinico del siero di sangue in varie forme morbose. Rif. med., Jahrg. 37, Nr. 26, p. 602—605, 1921. — * Bd. 10, Ref. Jastrowitz.
Marine, David, and O. T. Manley, Homeotransplantation and autotransplantation of the spleen in rabbits: III. Further data on growth, permanence, effect of age, and partial or complete removal of the spleen. Journ. of exp. med., Bd. 32, Nr. 1, p. 113—133, 1920. — * Bd. 4, Ref. Dürken.
Massaglia, Aldo C., The internal secretion of the testis. Endocrinology, Bd. 4, Nr. 4, p. 547—566, 1920. — * Bd. 6, Ref. Harms.
Masson, P., et Louis Berger, Sur un nouveau mode de sécrétion interne. La neurocrinie. Cpt. rend. hebdom. des séances de l'acad. des sciences, Bd. 176, Nr. 24, p. 1748—1750, 1923. — * Bd. 20, Ref. v. Skramlik.
Matsuno, J., Zur Kenntnis des Hermaphroditismus beim Menschen. Arch. f. Gynäkol., Bd. 119, p. 359—365, 1923. Ref. Endocrinology.
Matsuyama, Rokuro, Experimentelle Untersuchungen mit Rattenparabiosen. Tl. 3: Die Veränderungen der Geschlechtsdrüsen und der Organe, die damit in inniger Beziehung stehen. Frankf. Zeitschr. f. Pathologie, Bd. 25, H. 3, p. 436—485, 1921. — * Bd. 8, Ref. Dürken.
Mauclaire, P., Les greffes testiculaires chez les animaux et chez l'homme. Arch. des maladies des reins et des organes génito-urin, Bd. 1, Nr. 5, p. 513—526, 1923. — * Bd. 25, Ref. v. Voss.
Maximow, Alexander, Die histologischen Vorgänge bei der Heilung von Hodenverletzungen und die Regenerationsfähigkeit des Hodengewebes. Beiträge zur pathol. Anatomie u.. allgem. Pathologie (Ziegler), Bd. 26, p. 230 bis 319, 1899.
Meixner, Karl, Der Hoden eines Drüsenzwitters. Wiener klin. Wochenschrift, 34. Jahrg., Nr. 13, p. 142—144, 1921. — * Bd. 7, Ref. Harms.

Menge, C., und E. Opitz, Handbuch der Frauenheilkunde, 2. u. 3. Aufl. München und Wiesbaden 1920. Verlag Bergmann. — E. Opitz, Physiologie, Behandlung und Ernährung des Neugeborenen. — H. Schröder, Physiologie der weiblichen Genitalien. — Walthard, Allgemeinerkrankungen.

Meyer, Robert, Zur Lehre von der Ovulation und den mit ihr in Beziehung stehenden normalen und pathologischen Vorgängen am Uterus, nebst Bemerkung zur Hormonlehre. Zentralbl. f. Gynäkol., Jahrg. 44, Nr. 19, p. 473 bis 479, 1920. — * Bd. 2, Ref. Groll.

— Beiträge zur Lehre von der normalen und krankhaften Ovulation und der mit ihr in Beziehung gebrachten Vorgänge am Uterus. Arch. f. Gynäkol., Bd. 113, H. 2, p. 259—315, 1920. — * Bd. 3, Ref. Zuntz.

— Ein Mahnwort zum Kapitel „Interstitielle Drüse". Zentralbl. f. Gynäkol., Jahrg. 45, Nr. 17, p. 593—601, 1921. — * Bd. 9, Ref. Lichtenstern.

— Diskussion. XVIII. Tagung der Deutschen pathol. Gesellschaft in Jena, Sitz. v. 12. bis 14. April 1921, p. 209 u. 210.

Migay, F. J., und J. R. Petroff, Über experimentell erzeugte Eisenablagerungen und vitale Carminfärbung bei Kaninchen. Arch. f. mikrosk. Anatomie, Bd. 97, Nr. 1/2, p. 54—71, 1923. — * Bd. 19, Ref. Stübel.

Mikulicz-Radecki, Felix v., Über die Lipoide im menschlichen Ovarium. Arch. f. Gynäkol., Bd. 116, H. 2, p. 203—251, 1922. — * Bd. 18, Ref. Schmitz.

Milojevic, Borivoje Dim., Sur les altérations des caractères sexuels secondaires chez un coq tuberculeux. Cpt. rend. des séances de la soc. de biol., Bd. 85, Nr. 22, p. 89—91, 1921. — * Bd. 9, Ref. Harms.

Minoura, Tadachika, A study of testis and ovary grafts on the hens egg and their effects on the embryo. Journ. of exper. zool., Bd. 33, Nr. 1, p. 1—61, 1921. — * Bd. 9, Ref. Taube.

Mittasch, Gerhard, Über Hermaphroditismus. Beiträge zur pathol. Anatomie u. allgem. Pathol., Bd. 67, H. 1, p. 142—180, 1920. — * Bd. 4, Ref. Harms.

Moore, Carl R., On the physiological properties of the gonads as controllers of somatic and psychical characteristics. III. Artificial hermaphroditism in rats. Journ. of exper. zool., Bd. 33, Nr. 1, p. 129—171, 1921. — * Bd. 11, Ref. Romeis.

— On the physiological properties of the gonads as controllers of somatic and psychical characteristics. V. The effects of gonadectomy in the Guinea-pig, on growth, bone lengths, and weight of organs of internal secretion. Biol. bull. of the marine biol. laborat., Bd. 43, Nr. 4, p. 285—312, 1922. — * Bd. 18, Ref. Romeis.

— The behavior of the testis in transplantation, experimental cryptorchism, vasectomy, scrotal insulation and heat application. Endocrinology VIII, Nr. 4, Ser. Nr. 37, p. 493—508.

— and R. Oslund, Experiments on the sheep testis-cryptorchidism, vasectomy and scrotal insulation. Americ. journ. of physiol., Bd. 67, Nr. 3, S. 595—607, 1924. — * Bd. 26, Ref. v. Voss.

Morgan, Thomas H., Castration of hen-feathered campines. Proc. of the soc. f. exper. biol. a. med. New York, Bd. 17, Nr. 4, p. 70, 1920 — * Bd. 5, Ref. Dürken.

— The endocrine secretion of hen-feathered fowls. Endocrinology, Bd. 4, Nr. 3, p. 381—385, 1920. — * Bd. 5, Ref. Harms.

— The effects of castration of hen-feathered campines. Biol. Bull., Bd. 39, Nr. 4, p. 231—247, 1920. — * Bd. 6, Ref. Harms.

— The effects of ligating the testes of hen-feathered cocks. Biol. Bull., Bd. 39, Nr. 4, p. 248—256, 1920. — * Bd. 6, Ref. Harms.

Morley, W. H., The interstitial gland. — What it is and its supposed function. New York med. journ., Bd. 113, Nr. 9, p. 393—394, 1921. — * Bd. 7, Ref. Weil.

Morpurgo, B., Zur Parabiose von Säugetieren verschiedenen Geschlechts. Münchn. med. Wochenschr. 1908, p. 2447.

— und G. Satta, Über Austausch von Nährstoffen unter Parabioseratten. Münchn. med. Wochenschr. 1913, p. 1536 u. 1537.

Mühsam, Richard, Über die Beeinflussung des Geschlechtslebens durch freie Hodenüberpflanzung. Deutsche med. Wochenschr., Jahrg. 46, Nr. 30, p. 823—825, 1920. — * Bd. 3, Ref. Weil.

Mühsam, Rich., Weitere Mitteilungen üb. Hodenüberpflanzung. Deutsche med. Wochenschr., Jahrg. 47, Nr. 13, p. 354 u. 355, 1921. — * Bd. 7, Ref. Harms.

Murphy, James B., and Ernest Sturm, Conditions determining the transplantability of tissues in the brain. Journ. of exper. med., Bd. 38, Nr. 2, p. 183—197, 1923. — * Bd. 22, Ref. Kürten.

Neugebauer, F. L. von, Hermaphroditismus beim Menschen. Klinkhardt, Leipzig 1908.

Nielsen, Folmer, De la corrélation physiologique entre les ovaires et l'utérus. Cpt. rend. des séances de la soc. de biol., Bd. 85, Nr. 26, p. 368 u. 369, 1921. — * Bd. 9, Ref. Harms.

Nonidez, José F., Studies on the gonads of the fowl. III. The origin of the so-called luteal-cells in the testis of hen-feathered cocks. Americ. journ. of anat., Bd. 31, Nr. 2, p. 109—124, 1922. — * Bd. 22, Ref. v. Voss.

Ochoterena, Isaac, and Eliseo Ramirez, The origin and evolution of the interstitial cells and of the ovary and significance of the different internal secretions of the ovary. Endocrinology, Bd. 4, Nr. 4, p. 541—546, 1920. — * Bd. 6, Ref. Harms.

Ogata, Tomosaburo, und Akira Ogata, Über die Henlesche Chromreaktion der sogenannten chromaffinen Zellen und den mikrochemischen Nachweis des Adrenalins. Beiträge zur patholog. Anatomie u. allgem. Pathologie, Bd. 71, H. 2, p. 376—387, 1923. — * Bd. 20, Ref. Busch.

Oppermann, Ernst, und Rudolf Jaffé, Lipoiduntersuchungen im kindlichen Hoden. Zeitschr. f. Konstitutionslehre. II. Abteil. der Zeitschr. f. die ges. Anatomie, Bd. 10, H. 1, p. 111—120, 1924. — * Bd. 26, Ref. Poos.

Oslund, Robert, A study of vasectomy on rats and guinea pigs. Americ. journ. of physiol., Bd. 67, Nr. 2, p. 422—443, 1924. — * Bd. 25, Ref. Romeis.

Papanicolaou, G. N., and N. F. Blau, The ovarian cystic fluid with special reference to its effect upon the reactions of the genital tract. Proc. of the soc. f. exper. biol. and med., Bd. 21, Nr. 3, p. 164—166, 1923. — * Bd. 25, Ref. Poos.

Patzelt, V., Hermaphroditismus beim Menschen. Verhandlungen der anatom. Gesellschaft, 33. Versammlung in Halle a. d. S. v. 23.—26. April 1924. Anatom. Anzeiger, Erg.-Heft z. 58. Bd., 3. Sitzung, p. 100—105, 1924.

Pettit, Bull. de musée d'hist. nat. de Paris, 1896. — Journal de l'anat. et de la physiolog., 1896, Pl. IX, p. 401. — Cpt. rend. de la soc. de biol., 1897, 3, p. 320. Zit. nach F. Chvostek (l. c.).

Peukert, M., Zur Frage des ursächlichen Zusammenhanges zwischen Blasenmole und zystischen Ovarialveränderungen (Luteinpseudokystom). Virchows Arch., Bd. 229, p. 113—136, 1921.

Peyron, A., Sur le mode de développement des tumeurs de la glande interstitielle du testicule chez le cheval. Cpt. rend. des séances de la soc. de biol., Bd. 84, Nr. 9, p. 461—464, 1921. — * Bd. 7, Ref. Busch.

Pézard, A., Secondary sexual characteristics and endocrinology. Endocrinology, Bd. 4, Nr. 4, p. 527—540, 1920. — * Bd. 6, Ref. Harms.

— Loi du „tout ou rien" ou de constance fonctionelle, relative à l'action du testicule considéré comme glande endocrine. Cpt. rend. hebdom. des séances de l'acad. des sciences, Bd. 172, Nr. 1, p. 89—92, 1921. — * Bd. 7, Ref. Harms.

— Temps de latence dans les expériences de transplantation testiculaire et loi du tout ou rien. Cpt. rend. hebdom. des séances de l'acad. des sciences, Bd. 172, Nr. 3, p. 176—178, 1921. — * Bd. 7, Ref. Harms.

— Tissu interstitiel et caractères sexuels secondaires des oiseaux. (Réponse à J. Benoit.) Cpt. rend. des séances de la soc. de biol., Bd. 88, Nr. 4, p. 245 bis 247, 1923. — * Bd. 18, Ref. Romeis.

— Critique de la théorie de Bouin et Ancel. Cpt. rend. des séances de la soc. de biol., Bd. 88, Nr. 5, p. 333—335, 1923. — * Bd. 19, Ref. Romeis.

— La loi du „tout ou rien" et le gynandromorphisme chez les oiseaux. II. Le gynandromorphisme endocrinien. Journ. de physiol. et de pathol. gén., Bd. 20, Nr. 4, p. 495—508, 1922. — * Bd. 19, Ref. Romeis.

— Au sujet du tissu interstitiel. (Réponse á MM. Bouin et Ancel.) Cpt. rend. des séances de la soc. de biol., Bd. 88, Nr. 15, p. 1111, 1923. — * Bd. 21, Ref. Weil.

— et F. Caridroit, Interpénétration surrénalo-testiculaire chez des coqs castrés incomplètement. Cpt. rend. hebdom. des séances de l'acad. des sciences, Bd. 175, Nr. 18, p. 784—787, 1922. — * Bd. 17, Ref. Harms.

Pézard, A., Knud Sand et F. Caridroit, Production expérimentale du gynandromorphisme biparti chez les oiseaux. Cpt. rend. hebdom. des séances de l'acad. des sciences, Bd. 176, Nr. 9, p. 615—618, 1923. — * Bd. 18, Ref. Romeis.

— — Le gynandromorphisme biparti expérimental. Présentation de matérial. Cpt. rend. des séances de la soc. de biol., Bd. 89, Nr. 34, p. 1103 u. 1104, 1923. — * Bd. 24, Ref. Romeis.

— — Gynandromorphisme biparti fragmentaire d'origine male. (Présentation de matérial.)

— — Modifications raciales par greffe ovarienne chez les coqs. Cpt. rend. des séances de la soc. de biol., Bd. 90, p. 623—625, 1924. Ref. Endocrinology.

Photakis, B., Über einen Fall von Hermaphroditismus verus lateralis masculinus dexter. Virchows Arch., Bd. 221, H. 1, p. 107—116, 1916.

Pick, L., Über den wahren Hermaphroditismus des Menschen und der Säugetiere. Berl. klin. Wochenschr., Jahrg. 53, Nr. 42, p. 1141, Nr. 43, p. 1173, 1916.

— Diskussion. Berl. Medizin. Gesellschaft. Berl. klin. Wochenschr., Nr. 45, p. 2104, Nr. 46, p. 2156, 1913.

— Über den wahren Hermaphroditismus des Menschen und der Säugetiere. Arch. f. mikroskop. Anatomie. Abt. II: Für Zeugungs- und Vererbungslehre, Bd. 84, p. 119—242, 1914. (Zit.)

Pillado, Mathen C., und Damianovich, R., „Acción de los extractos testiculares sobre el crecimiento". An. d. Inst. mod. de clin. med. (Buenos Aires) 1922, 7, p. 261. (Ref. Endocrinology, Bd. 8, Nr. 2, p. 268.)

Plaut, Rahel, Über den Einfluß des Ovarialhormons auf das Beckenwachstum. I. Mitt. Hoppe-Seylers Zeitschr. f. physiol. Chemie, Bd. 111, H. 1, p. 36 bis 42, 1920. — * Bd. 5, Ref. Weil.

— Über den Einfluß des Uterus und der Ovarien auf die Entwicklung der Brustdrüse. Zeitschr. f. Biol., Bd. 79, H. 5/6, p. 263—276, 1923.

Polano, O., Untersuchungen über die zyklischen Veränderungen der weiblichen Brust während der Geschlechtsreife. Zeitschr. f. Geburtshilfe und Gynäkologie, Bd. 87, H. 2, p. 363, 1924. — (Ref. Schrader, Klin. Wochenschr., Jahrg. 3, Nr. 43.)

Policard, A., et Juliana Tritchkovitch, Sur un mécanisme intervenant dans la fixation des graisses par la glande cortico-surrénale. Cpt. rend. hebdom. des séances de l'acad. des sciences, Bd. 174, Nr. 14, p. 960 u. 961, 1922. — * Bd. 14, Ref. Péterfi.

Poll, Heinrich, Zwischenzellengeschwülste des Hodens bei Vogelmischlingen. Beiträge z. patholog. Anatomie u. allgem. Pathologie, Bd. 67, H. 1, p. 40—56, 1920. — * Bd. 4, Ref. Harms.

Portier, P., et R. de Rorthays, Disparition spontanée de certains caractères sexuels secondaires chez un coq. Etude histologique du testicule. Cpt. rend. des séances de la soc. de biol., Bd. 85, Nr. 27, p. 444—446, 1921. — * Bd. 10, Ref. F. Levy.

Prange, Franz, Vier Fälle von zygotischer Intersexualität bei der Hausziege. Zoolog. Jahrbuch, Abt. f. Zoologie u. Physiologie, Bd. 40, H. 3, p. 187 bis 216, 1923. — * Bd. 25, Ref. Nachtsheim.

Priesel, A., Zur Kenntnis des Pseudohermaphroditismus masculinus internus mit „Dystopia transversa testis". Frankf. Zeitschr. f. Pathol., Bd. 26, H. 1, p. 80—108, 1921. — * Bd. 10, Ref. Bauer.

— Über das Verhalten von Hoden und Nebenhoden bei angeborenem Fehlen des Ductus deferens, zugleich ein Beitrag zur Frage des Vorkommens von Zwischenzellen im menschlichen Nebenhoden. Virchows Archiv, Bd. 249, p. 246—304, 1924.

Regaud, Cl., Influence de la durée d'irradiation sur les effets déterminés dans le testicule par le radium. Cpt. rend. des séances de la soc. de biol., Bd. 86, Nr. 14, p. 787—790, 1922. — * Bd. 14, Ref. Weil.

— Le rythme alternant de la multiplication cellulaire et la radiosensibilité du testicule. Cpt. rend. des séances de la soc. de biol., Bd. 86, Nr. 15, p. 822 bis 824, 1922. — * Bd. 15, Ref. Holthusen.

Reiß, P., Sur les caractères sexuels secondaires chez le lézard male. Cpt. rend. des séances de la soc. de biol., Bd. 88, Nr. 6, p. 445—447, 1923. — * Bd. 19. Ref. Romeis.

Reitano, Fibroblasti e cellule reticolari nella milza di animali anemizzati e colorati vitalmente col tripanblau. Haematologica, Bd. 3, H. 4, p. 413—421, 1922. — * Bd. 14, Ref. Mayer.
Retterer, Éd., et S. Voronoff, Évolution des placentas maternels ou caroncules après la greffe d'ovaires. Cpt. rend. des séances de la soc. de biol., Bd. 84, Nr. 4, p. 187—189, 1921. — * Bd. 6, Ref. Harms.
— — Sur la greffe d'ovaires de Chèvre ou de Brebis. Cpt. rend. des séances de la soc. de biol., Bd. 84, Nr. 3, p. 104—106, 1921. — Bd. 7, Ref. Harms.
— — Evolution du testicule après ligature ou résection du canal déférent et après ligature des vaisseaux testiculaires. Cpt. rend. des séances de la soc. de biol., Bd. 85, Nr. 23, p. 153—156, 1921. — * Bd. 9, Ref. Harms.
— — Effets locaux et généraux dus à la résection des canaux déférents. Cpt. rend. des séances de la soc. de biol., Bd. 86, Nr. 18, p. 1073—1075, 1922. — * Bd. 15, Ref. Poll.
— — Structure des testicules d'un chimpanzé et résultats physiologiques de leur greffe. Cpt. rend. des séances de la soc. de biol., Bd. 88, Nr. 5, p. 339 u. 340, 1923. — * Bd. 19, Ref. Romeis.
Ribbert, Über Transplantation von Ovarien, Hoden und Mamma. Archiv f. Entw.-Mech., Bd. 42, 14. Nov. 1916. (Akad. Anzeiger, Nr. 12, 1916.)
Riddle, Oscar, An undescribed relation of the suprarenals to ovulation. Proc. of the soc. f. exper. biol. and med., Bd. 19, Nr. 6, p. 280—282, 1922. — * Bd. 15, Ref. Weil.
— and Tadachika Minoura, Effects of repeated transplantation of whole suprarenals into young doves. Proc. of the soc. f. exp. biol. and med., Bd. 20, Nr. 8, p. 456—461, 1923. — * Bd. 22, Ref. R. Erdmann.
Romeis, B., Untersuchungen zur Verjüngungshypothese Steinachs. Münchn. med. Wochenschr., Jahrg. 68, Nr. 20, p. 600—603, 1921. — * Bd. 8, Ref. Harms.
Rosenburg, Albert, Über menstruelle, durch das Corp. luteum bedingte Mammaveränderungen. Frankf. Zeitschr. f. Pathol., Bd. 27, p. 466—506, 1922. — * Bd. 15, Selbstbericht.
Salazar, A.-L., Le chondriome tanophile lipogène (et cristallogène?) des cellules interstitielles de l'ovaire de la lapine. Cpt. rend. des séances de la soc. de biol., Bd. 85, Nr. 27, p. 604—606, 1921. — * Bd. 10, Ref. Péterfi.
— Sur l'évolution de l'ovaire adulte de la lapine. Cpt. rend. des séances de la soc. de biol., Bd. 85, Nr. 30, p. 783—784, 1921. — * Bd. 11, Ref. Péterfi.
— Sur l'existence de faux corps jaunes autonomes dans la glande interstitielle de la lapine. Anat. record., Bd. 23, Nr. 2, p. 189—193, 1922. — * Bd. 13, Ref. Romeis.
— Les types d'ovaire de la lapine au point de vue physiologique. Cpt. rend. des séances de la soc. de biol., Bd. 88, Nr. 11, p. 838—840, 1923. — * Bd. 19, Ref. Romeis.
Salén, E., Ein Fall von Hermaphroditismus verus unilateralis beim Menschen. Verh. d. Deutschen pathol. Ges. 1899, Bd. 2, p. 241.
Sand, Knud, De l'hermaphrodisme expérimental. Cpt. rend. des séances de la soc. de biol., Bd. 86, Nr. 17, p. 1017—1024, 1922. — * Bd. 15, Ref. Poll.
— Experiments on the endocrinology of the sexual glands. Endocrinology, Bd. 7, p. 273—301, 1923.
— L'hermaphrodisme expérimental. Journ. de physiol. et de pathol. gén., Bd. 20, Nr. 4, p. 472—487, 1922. — * Bd. 20, Ref. Harms.
— Hermaphrodisme (vrai) glandulaire alternant chez un individu de dix ans. Journ. d'urol., Bd. 15, Nr. 3, p. 171—194, 1923. — * Bd. 22, Ref. Lichtenstern.
— Pflügers Archiv f. Physiol., Bd. 173, 1918 (zit.).
— Experimentelle Studier over Konskarakterer hos Pattedyr. Kopenhagen 1918.
— Experimental hermaphroditism. Ugesk. f. Laeger, Bd. 85, p. 565—574, Copenhagen 1923 (zit.).
Sauerbeck, E., Über den Hermaphroditismus verus und den Hermaphroditismus im allgemeinen vom morphologischen Standpunkt aus. Frankf. Zeitschrift f. Pathol., Bd. 3, H. 2, p. 339, H. 3, p. 661, H. 4, p. 829, 1909.
Sauerbruch, F., und M. Heyde, Über Parabiose künstlich vereinigter Warmblüter. Münchn. med. Wochenschr., Nr. 4 (28. I. 08), p. 153—156.
Scala, Guglielmo, Gli effetti della castrazione sulle capsule surrenali nel coniglio. Ricerche sperimentali. Folia med., Jahrg. 7, Nr. 19/21, p. 630—643, 1921. — * Bd. 10, Ref. Laquer.

Schauerte, Otto, Ein Fall von Hermaphroditismus verus beim Menschen. Inaug.-Diss. Marburg 1923.

Scheunig, Zur Frage der Steinachschen F.-Zellen. Arch. f. Gynäkologie, Bd. 116.

Schinz, H. R., Grundsätzliches zur Steinach-Operation. D. med. Wochenschr. 1925.

Schmaltz, Die „Verjüngungsdrüse". Berl. tierärztl. Wochenschr., Jahrg. 36, Nr. 35, p. 405—407, 1920. — * Bd. 4, Ref. Dresel.

Schmidt, Helmut, Der suprarenal-genitale Syndrom (Kraus). Über Zusammenhänge zwischen Nebennieren und Geschlechtsentwicklung. Virchows Arch., Bd. 251, p. 8—42, 1924.

Schultz, Walter, Bemerkung zur Arbeit von Knud Sand über experimentellen Hermaphroditismus. Pflügers Arch. f. d. ges. Physiol., Bd. 179, H. 4/6, p. 217—218, 1920. — * Bd. 1, Ref. Schaxel.

Seifert, M. J., Abnormal lactation. A careful study of the literature, with the report of a case. Journ. of the Americ. med. assoc., Bd. 74, Nr. 24, p. 1634—1639, 1920. — * Bd. 4, Ref. Aron.

Serrallach, Über die innere Sekretion des Hodens. Verhandl. d. Deutschen Ges. f. Urologie, V. Kongreß in Wien. Sitzg. vom 29. IX. bis 1. X. 1921, p. 214—224, 1922.

Sieglbauer, Felix, Zur Frage der Zwischenzellen. Arch. f. mikrosk. Anatomie u. Entw.-Mech. (Roux), Bd. 100, H. 1/2, p. 473—487, 1923.

Simon, W., Hermaphroditismus verus. Virchows Arch., Bd. 172, p. 1—29, 1903.

Siperstein, David M., The effects of acute and chronic inanition upon the development and structure of the testis in the albino rat. Anat. rec., Bd. 20, Nr. 4, p. 355—391, 1921. — * Bd. 9, Ref. Harms.

Sippel, Paul, Die Ovarientransplantation bei herabgesetzter und fehlender Genitalfunktion. Arch. f. Gynäkol., Bd. 118, H. 3, p. 445—489, 1923. — * Bd. 21, Ref. Poos.

Sisto, Pietro, Ricerche sulla colesterinemia. Nota quintä. Considerazioni generali. Ann. di clin. med., Jahrg. 11, Nr. 1, p. 14—30, 1921. — * Bd. 12, Ref. Laquer.

Slotopolsky, B., und H. R. Schinz, Histologisches zur Steinach-Unterbindung. Zeitschr. f. mikr.-anat. Forschung, Bd. 2, p. 225—253, 1925.

Sneath, W. A., Journ. of anat. and physiol., Bd. 47, 1913 (zit.).

Soper, W. B., Über das Verhalten des retikuloendothelialen Zellapparates gegenüber der Bestrahlung und der Transplantation. Zeitschr. f. experim. Pathol. u. Therap., Bd. 16, p. 1—17, 1914.

Sorg, Kurt, Lipoiduntersuchungen am Rinderhoden. Zeitschr. f. die ges. Anat. Abt. 2: Zeitschr. f. Konst.-Lehre, Bd. 10, H. 1, p. 67—78, 1924. — * Bd. 26, Ref. Poos.

Spemann, K., Vererbung und Entwicklungsmechanik. Die Naturwissenschaften, 12. Jahrg., H. 4, p. 65—76, 1924.

— Zur Theorie der tierischen Entwicklung. Rektoratsrede Freiburg i. B. 1923. Verlag Speyer & Kaerner, Freiburg i. B.

— Über Organisatoren in der tierischen Entwicklung. Die Naturwissenschaften, Jahrg. 12, H. 48, p. 1092—1094 (v. 28. XI. 1924).

Sserdjukoff, M. G., Zur Frage der funktionellen Beziehungen zwischen dem Drüsenparenchym des Ovariums und der Nebennierenrinde. Virchows Arch., Bd. 237, H. 1/2, p. 154—164, 1922. — * Bd. 13, Ref. Weil.

Stanley, L. L., Experiences in testicle transplantation. Californ. State journ. of med., Bd. 18, Nr. 7, p. 251—253, 1920. — * Bd. 3, Ref. Harms.

— and G. David Kelker, Testicle transplantation. Journ. of the Americ. med. assoc., Bd. 74, Nr. 22, p. 1501—1503, 1920. — * Bd. 2, Ref. Wieland.

Steinach, E., Histologische Beschaffenheit der Keimdrüse bei homosexuellen Männern. Arch. f. Entw.-Mech. d. Organismen, Bd. 46, H. 1, p. 29—37, 1920. — * Bd. 1, Ref. Schaxel.

— Künstliche und natürliche Zwitterdrüsen und ihre analogen Wirkungen. Arch. f. Entw.-Mech. d. Organismen, Bd. 46, H. 1, p. 12—28, 1920. — * Bd. 1, Ref. Schaxel.

— und P. Kammerer, Klima und Mannbarkeit. Roux' Arch. f. Entw.-Mech. d. Organismen, Bd. 46, H. 2/3, p. 391—458, 1920. — * Bd. 2, Ref. Schaxel.

Steinach, E., und R. Lichtenstern, Umstimmung der Homosexualität durch Austausch der Pubertätsdrüsen. Münchn. med. Wochenschr., 1918, Nr. 6, p. 145—148.

Stein, Marianne, und Edmund Herrmann, Über künstliche Entwicklungshemmung männlicher sekundärer Geschlechtsmerkmale. Arch. f. Entw.-Mech. d. Organismen, Bd. 48, H. 4, p. 447—488, 1921. — * Bd. 11, Ref. Gutherz.

Stephan, Richard, Über die Funktion der Nebennierenrinde. Münchn. med. Wochenschr., Jahrg. 69, Nr. 10, p. 339—342, 1922. — * Bd. 12, Ref. Weil.

Sternberg, Carl, Über Vorkommen und Bedeutung der Zwischenzellen. Zieglers Beiträge z. pathol. Anat. u. z. allgem. Pathol., Bd. 69, p. 262—280, 1921. — * Bd. 10, Ref. Peterfi (auch Endocrinology).

— Zur Frage der Zwischenzellen. Verh. d. Deutschen pathol. Ges., 18. Tagung, Jena 1921. Zentralbl. f. allgem. Pathol. u. pathol. Anat., Bd. 31, Erg.-Heft, p. 570.

Stewart, G. N., Adrenal insufficiency. Endocrinology, Bd. 5, Nr. 3, p. 283 bis 306, 1921. — * Bd. 8, Ref. Wieland.

Stieve, H., Die inkretorische Tätigkeit der Keimdrüsen und ihr Einfluß auf die Gestaltung des Körpers. Naturwissenschaften, Jahrg. 8, H. 46, p. 895—903, 1920. — * Bd. 5, Ref. Harms.

— Entwicklung, Bau und Bedeutung der Keimdrüsenzwischenzellen. Eine Kritik der Steinachschen „Pubertätsdrüsenlehre". Sonderdr. a. Ergebn. d. Anat. u. Entw.-Gesch., Bd. 23. Bergmann, München u. Wiesbaden 1921. — * Bd. 7, Ref. Harms.

— Untersuchungen über die Wechselbeziehungen zwischen Gesamtkörper und Keimdrüsen. I. Mastversuche an männlichen Gänsen. Arch. f. Entw.-Mech. d. Organismen, Bd. 52, H. 1/2, p. 313—364, 1922. — * Bd. 17, Ref. Romeis.

— Untersuchungen über die Wechselbeziehungen zwischen Gesamtkörper und Keimdrüsen. II. Beobachtungen und Versuche an männlichen Hausmäusen und an männlichen Feldmäusen; zugleich ein weiterer Beitrag zur Zwischenzellenfrage. Arch. f. mikr. Anat. u. Entw.-Mech., Bd. 99, H. 2/4, p. 390—570, 1923. — * Bd. 23, Ref. Harms.

— Vergleichend physiologisch-anatomische Beobachtungen über die Zwischenzellen des Hodens. Pflügers Arch. f. d. ges. Physiol., Bd. 200, H. 5/6, p. 470 bis 496, 1923. — * Bd. 24, Ref. Romeis.

— Der Einfluß höherer Außentemperatur auf die Keimdrüsen der Hausmaus. Anat. Anz., Bd. 57, Erg.-Heft, p. 38—53, 1923. — * Bd. 26, Ref. Romeis.

Stilling, Zur Anatomie der Nebennieren. Arch. f. mikr. Anat., Bd. 52, p. 176 (zit.).

Stoeckel, W., Lehrbuch der Geburtshilfe. 2. Aufl. Verlag G. Fischer, Jena 1923. E. Opitz, Physiologie, Behandlung und Ernährung d. Neugeborenen.

Straßmann, Erwin, Warum platzt der Follikel? Arch. f. Gynäkol., Bd. 119, H. 2, p. 168—206, 1923.

Takahashi, N., Hodenatrophie nach Exstirpation des abdominalen Grenzstranges. Pflügers Arch. f. d. ges. Physiol., Bd. 196, H. 2, p. 237—242, 1922. — * Bd. 17, Ref. v. Skramlik.

Takakusu, S., Beiträge zur Physiologie der Drüsen. 52. Mitteilung: Untersuchungen über zentral bedingte Veränderung des Blutzuckergehaltes und über den Einfluß des inneren Sekretes des Ovariums auf diese Reaktion; zugleich ein neuer Nachweis der inneren Sekretion des Ovariums. Biochem. Zeitschr., Bd. 128, H. 1/3, p. 1—31, 1922. — * Bd. 13, Ref. Abelin.

Takamori, Tokio, Die vitale Färbung der Hoden. Transact. of the Japanese pathol. soc., Bd. 11, p. 54—55, 1921. — * Bd. 20, Ref. Kolmer.

Tandler und Grosz, Die biologischen Grundlagen der sekundären Geschlechtscharaktere. Springer, Berlin 1913.

Thorek, Max, Experimental investigations of the role of Leydig, seminiferous and Sertoli-cells and effects of testicular transplantation. Endocrinology, Bd. 8, Nr. 1, p. 61—90, 1924. — * Bd. 26, Ref. Romeis.

Tiedje, H., Unterbindungsbefunde am Hoden unter besonderer Berücksichtigung der Pubertätsdrüsenfrage. Deutsche med. Wochenschr., Jahrg. 47, Nr. 13, p. 352—354, 1921.

— Die Unterbindung am Hoden und die „Pubertätsdrüsenlehre". Veröffentl. a. der Kriegs- u. Konst.-Pathol., Bd. 2, H. 4, p. 1—26, 1921.

— Die Unterbindung am Hoden und die „Pubertätsdrüsenlehre". Jena 1921.

Tokumitsu, Yoshitomi, Studies on cortical substance of the suprarenal capsule (2. paper). Mitteilungen a. d. patholog. Inst. d. kais. Univ. Sendai, Japan, Bd. 1, H. 2, p. 211—224, 1921. — * Bd. 9, Ref. Weil.

Tsukahara, Isematsu, Experimentelle Untersuchungen über die Beeinflussung der inneren Sekretion des Ovariums durch Röntgenstrahlen. Zeitschr. f. Geburtsh. u. Gynäkol., Bd. 85, H. 1, p. 36—58, 1922. — * Bd. 16. Ref. Strauß.

Uffreduzzi, O., Ermafroditismo vero nell' uomo. Arch. per le scienze Med. 1910, Bd. 34, Nr. 13. — Giorn. della R. Accad. di Med. di Torino 1910, Bd. 16, ann. 73, fasc. 1/2. — Arch. di Psychiatr. 1910, Bd. 31, fasc. 6 (zit. nach Pick).

Vandel, A., Le développement de l'appareil copulateur des Planaires est sous la dépendance des glandes génitales. Cpt. rend. hebdom. des séances de l'acad. des sciences, Bd. 170, Nr. 4, p. 249—251, 1920. — * Bd. 1, Ref. Koehler.

Varaldo, Zentralbl. f. Gynäkol., Bd. 37, p. 1350, 1913 (zit.).

Vincent, Swale, The endocrine functions of the female reproductive organs. Lancet, Bd. 202, Nr. 6, p. 303—305, 1922. — Bd. 12, Ref. Weil.

Virchow, R., Der Fall Katharina Hohmann. Berl. klin. Wochenschr., 1872, Nr. 49, p. 585 (zit. L. v. Neugebauer), und Verhandlungen der Berliner anthropolog. Gesellschaft, Zeitschr. f. Äthiologie, Bd. 4, p. 268, 1872 (zit. Meßner).

Voronoff, Serge, Greffes Testiculaires. Gaston Doin, Paris 1923. 83 S. — * Bd. 17, Ref. Lipschütz.

Vrieze, T. J. de, Über Folgen von Vas-deferens-Unterbindung. Nederlandsch tijdschr. v. geneesk., Jahrg. 66, 1. Hälfte, Nr. 3, p. 266—281, 1922. — * Bd. 17, Ref. Hijmans.

Wagner, Carl, Zur Zytologie der Zwischenzellen des Hodens. Vorl. Mitt. Anat. Anzeiger, Bd. 56, Nr. 23/24, p. 559—563, 1923. — * Bd. 22, Ref. Romeis.

Walker, Kenneth M., The internal secretion of the testis. Lancet, Bd. 206, Nr. 1, p. 16—21, 1924. — * Bd. 25, Ref. Romeis.

— and J. A. Lumsden, Cook, Steinach's rejuvenation operation. Lancet, Bd. 206, Nr. 5, p. 223—226, 1924. — * Bd. 26, Ref. Harms.

Walter, Herm., Über Beziehungen der weiblichen Keimdrüsen zu Nebennieren und Thymus. Frankf. Zeitschr. f. Pathol., Bd. 27, p. 276—289, 1922. — * Bd. 15, Ref. Weil.

Watson, Alexander, The suprarenal cortex of the male throughout the oestrous cycle. Journ. of physiol., Bd. 58, Nr. 2/3, p. 240—243, 1923. — * Bd. 25, Ref. Poos.

Wehefritz, E., Systematische Gewichtsuntersuchungen an Ovarien mit Berücksichtigung anderer Drüsen mit innerer Sekretion, sowie über ihre Beziehungen zum Uterus. Zeitschr. f. Konst.-Lehre, (Berlin) 1923, H. 9, p. 161—171. (Endocrinology, zit.)

Weil, A., Die Wirkung der Ovarialoptone auf die Milchsekretion. Münchn. med. Wochenschr., Jahrg. 68, Nr. 17, p. 520—521, 1921. — * Bd. 7, Autoreferat.

— Der Einfluß der inneren Sekretion auf die Ausbildung der sekundären Geschlechtsmerkmale. Arch. f. Frauenk. u. Eugenet., Bd. 8, H. 2/3, p. 118—126, 1922. — * Bd. 16, Ref. Levy.

Weishaupt, Elisabeth, Lipoide im menschlichen Ovarium. Monatsschr. f. Geburtshilfe u. Gynäkol., Bd. 56, H. 5/6, p. 276—282, 1922. — * Bd. 13, Ref. Schmitt.

Wereschinski (Leningrad), A. O., Korrelationsstörungen aus der Nebenniere und Eierstock. Arch. f. klin. Chir., Bd. 129, H. 4 (zit.).

Wiczynski, T., Über die Verteilung und Art der Fette und Lipoide im menschlichen Ovarium. Księga pamiatkowa wyd. w. 25. roczn. Wydz. Lek. Lwòw., p. 166—238, 1920. — * Bd. 4, Ref. Parnas.

Wiesel, Über akzessorische Nebennieren am Nebenhoden des Menschen und über Kompensationshypertrophie dieser Organe bei der Ratte. Sitzungsber. d. Akad. d. Wissensch., Wien 1899 (zit.).

Wiesner, Bertold P., Die Funktionsfähigkeit autophor transplantierter Ovarien bei Ratten. Arch. f. mikroskop. Anat. u. Entw.-Mech., Bd. 99, H. 1, p. 140—149, 1923. — * Bd. 23, Ref. Weiß.

Wilhelm, Ottmar, Beitrag zur histologisch-physiologischen Erforschung der sogenannten Erscheinungen der Verjüngung. 2. vorl. Mitt. Rev. Méd. de Chile, Jahrg. 51, Nr. 7/8, 1923. — * Bd. 23, Ref. Lipschütz.

Williams, Leonard, The interstitial gland. Brit. med. journ., Nr. 3204, p. 833—835, 1922. — * Bd. 14, Ref. Weil.
Willier, Benjamin H., Structures and homologies of freemartin gonads. Journ. of exp. zool., Bd. 33, Nr. 1, p. 63—127, 1921. — * Bd. 10, Ref. Gutherz.
Witschi, Emil, Der Hermaphroditismus der Frösche und seine Bedeutung für das Geschlechtsproblem und die Lehre von der inneren Sekretion der Keimdrüsen. Arch. d. Entw.-Mech. d. Organismen, Bd. 49, H. 3/4, p. 316—358, 1921. — * Bd. 10, Ref. Harms.
Wolff, E., Demonstration zur in vitro-Züchtung menschl. Gewebe. Berliner Gesellschaft f. pathol. Anatomie u. vergleichende Pathologie. Sitzung v. 24. VII. 1924. Autoreferat Klin. Wochenschr., Jahrg. 3, Nr. 39, p. 1784, 1924.
Yamauchi, Masao, Untersuchungen über den Follikelapparat der Ovarien bei Mensch und Rind, mit besonderer Berücksichtigung der dabei auftretenden Lipoide. Zeitschr. f. Konst.-Lehre, 2. Abt. der Zeitschr. f. d. ges. Anatomie, Bd. 10, H. 1, p. 79—98, 1924.
Yatsu, Naohide, On the changes in the reproductive organs in heterosexual parabiosis of albino-rats. Anat. rec., Bd. 21, Nr. 2, p. 217—228, 1921. — * Bd. 9, Ref. Harms.
Yocom, Harry B., Luteal cells in the gonad of the phalarope. Biol. bull. of the marine biol. laborat., Bd. 46, Nr. 3, p. 101—105, 1924. — * Bd. 26, Ref. Gutherz.
Zalla, Mario, Ricerche comparative di micro-chimica sul contenuto delle cellule midollari e luteiniche dell'ovaia di coniglia. Arch. ital. di anat. e di embriol., Bd. 18 (Suppl.-Bd.), p. 475—484, 1922. — * Bd. 16, Ref. Harms.
Zawadowsky, M., Das Geschlecht und die Entwicklung der Geschlechtsmerkmale. Staatsverlag, Moskau 1922. 255 S. — * Bd. 15, Ref. Lipschütz.
Zondek, B., und E. Wolff, Über Explantation und Transplantation des Ovariums. Berliner Ges. f. Geburtshilfe u. Gynäkol. Sitzg. v. 11. VII. 24. Deutsche med. Wochenschr., Jahrg. 50, Nr. 35, p. 1201, 1924.

Kolibri 360 GmbH
Ferdinand-Jühlke-Straße 7
99095 Erfurt, Deutschland
produktsicherheit@kolibri360.de